Don't Fear the Future
Think out of the Box
and Keep One Step Ahead

未来不慌张

摆脱固化思维，获得先人一步的竞争力

忘机／著

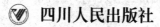 四川人民出版社

图书在版编目（ＣＩＰ）数据

未来不慌张：摆脱固化思维，获得先人一步的竞争
力 / 忘机著. -- 成都：四川人民出版社，2019.7
ISBN 978-7-220-11378-9

Ⅰ.①未… Ⅱ.①忘… Ⅲ.①思维方法 Ⅳ.
①B804

中国版本图书馆CIP数据核字（2019）第089792号

WEILAI BU HUANGZHANG：BAITUO GUHUASIWEI，HUODE XIANRENYIBU DE JINGZHENGLI

未来不慌张：摆脱固化思维，获得先人一步的竞争力

著　　者	忘　机
策划编辑	王　猛
出版统筹	禹成豪
责任编辑	杨　立　邵显瞳
装帧制造	尚世视觉

出版发行	四川人民出版社（成都槐树街2号）
网　　址	http://www.scpph.com
E－mail	scrmcbs@sina.com
印　　刷	天津旭非印刷有限公司
成品尺寸	146mm×210mm
印　　张	8.5
字　　数	160千字
版　　次	2019年7月第1版
印　　次	2019年7月第1次
书　　号	978-7-220-11378-9
定　　价	46.00元

你知道什么是固化思维吗？在介绍它之前，我想先说说我在网上看过的一个故事：有两个人，姑且先叫他们小A和小B，小A和小B是同学，两个人结伴去美国旅游时，中途出了一点纰漏。酒店方告诉小A和小B车可能会晚来，小B只是"嗯"了一声，小A却拿起电话回拨回去，用英语和酒店方的负责人大声争执，坚持要酒店按双方原来的契约办事。后来，酒店方果然派车来接他们过去，让两人免于在机场的寒风中苦等。

当然，这件事是小B后来写在网上的，小B的原意是为了陈述人的思维对自己的行为方式会有多么深重的影响。他是这样说的，小A出身富裕家庭，出国频率很高，英语"技能满点"，这些综合因素，都是形成小A思维模式的原因。反观自己，因为受到出身和成长环境的影响，行事上常常会有一种畏首畏尾的感觉，遇到事情的第一反应就是多一事不如少一事，所以，别人侵犯了自己的权益，只要不是太过分，他大部分时间都选择忍气吞声。

这两个人思维模式的对比，令我想到另外一些事——很多中国留学生到美国之后，总会带着国内的某些习惯，比如上校友的车后失踪，遇到突发事件第一反应不是最大限度的自保等。

从上面的故事来看，我们思维模式的成因和我们的成长经历、自我意识有关。一个人见识越广、获取的外部信息越多，他的思维方式可能就越成熟，处世方式可能就越精妙。

说到这里，相信你就不难理解固化思维的定义了。它指的是，一个人局限于自身现有的观念和认知，不愿或不敢以新的视角去思考、以新的方式去改变，导致自我成长受限。由此可见，固化思维对我们的生活会带来一些阻碍和不良影响。

据调查研究发现，固化思维在刚毕业的大学生身上较为明显，这是因为我们在学生时代长期处在一种半封闭和被人引导的状态中，相对弱势，整个社会对其都是一种保护的姿态。但脱离了学生身份之后，我们的思维方式和看世界的方式，并不一定就会马上随着我们身份的转变而转变，这需要我们自己从主观上意识到自己的问题，有意识地让自己从曾经的被保护者转变为成熟独立的个体。由此，固化思维有时也被称为学生思维。

曾经有人说过，只要这个世界上仍然存在着相对的优势资源，不管发展到哪个阶段，人与人之间都会展开竞争。我们是肉体凡胎，会有期待自己生活得更好等种种基础本能在。但是和单纯的动物本能不同的是，我们是拥有智慧与心智的高级的生命体。我们在成长和成熟的过程中，能运用自己的心智，学会独立思考；运用自己的思维，让自己心智更健全、人格更完善。

真正的成长，需要我们有主动摆脱固化思维的意识，能认识到自己思维上的局限，不拒绝认知更新；真正的成长，需要我们打开自己的眼界，努力向这个世界学习，成为真正意义上独立、完整的人。

基于这些思考，结合我看过的和从朋友那里听过一些典型事例写成本书，希望能给每个在迷茫中前行的年轻人一点点小的启发。若是本书能给你的思考带来些许帮助、些许启发，是我的荣幸。

目录

第一章　有实力懂方法，才会成为这个时代的赢家

第二章　命运只会给主动出击的人让路

第三章 硬着头皮做完，好过完美地半途而废

第四章　所谓的成熟，就是重塑我们的认知

第五章　你思维是什么样子，你的人生就是什么样子

第一章

有实力懂方法，才会成为这个时代的赢家

你不是不够努力，你只是不懂方法

1

去年暑假，一个学妹在美国某知名企业寻找实习机会。

她花了很长时间做准备，比如精心整理了自己的简历，熟悉对方企业的文化、发展史以及行业要求等等。期间她还特意请教了在这家企业工作的师兄，询问有哪些方面是自己需要格外注意的。

师兄告诉她说，若招聘方提问的主要是关于专业方面的问题，那她肯定没问题。

电话面试的时候，她非常努力地表现自己，对方提出的有关专业知识的所有问题她都能迅速而准确地解答。

面试接近尾声的时候，对方委婉地表示——她被拒绝了。

学妹非常难过，去找师兄哭诉，她实在想不通自己被拒的原因。

师兄后来通过领英（全球最大职业社交网站）查了一下才知道，面试她的那个主管是刚做完一个大项目后被公司新提拔成主管的，即使为了装装样子，她也还是需要招一个实习生的，不然按美国企业的文化习惯，公司会默认这个主管有能力单独完成所有的工作，一旦错过这次招聘实习生的机会，就等于是白白浪费掉以后扩展部门的可能性。

师兄综合各方信息分析过之后，总结出学妹被拒的原因可能是她没有找到打动这名主管的方法。虽然这次她被拒绝了，但这并非代表着她就完全没有机会了。

师兄推测，对方在这个阶段，需要的也许并不是一个在专业上咄咄逼人的"牛人"，而是一个中规中矩、不惹麻烦，还能帮她干事的"徒弟"。

学妹依据师兄的总结，整理了一下自己的思路，第二天又给HR发了一封邮件，告诉对方自己通过此前那次电话面试学到了很多东西，她会保持谦虚谨慎的工作态度，努力向对方学习，绝不会在工作中惹麻烦。

　　她发完这封邮件一周以后，录取offer就来了。事后学妹总结出，自己之前单纯地认为找工作只要专业程度高就可以了，但是现在她才知道这条原则并非是万能的，有些工作需要的是供需双方的匹配度。

　　如果她一根筋地被先入为主的观念绑架，单纯地认为自己被拒的原因是因为自己不够优秀，或是掌握的专业领域的知识不够多，那么当结果与预期严重偏差时，就会自怨自艾，自我怀疑。

　　一个人的核心价值与竞争力虽然重要，但对用人单位而言，他们最看重的是从自己当下出发的第一需求。

　　寻求解决问题的方法时，应该理解并找出对方的深度需要，这是选对方法与策略的前提。

2

　　"站在风口上，猪都会飞"，这句曾经刷屏的话，引发过无数人的共鸣，也让无数人血脉偾张。时代在快速迭代，机会每天都有，有人抓住了，但错过的人更多。智商、学识、观念都差不多的人，得到的结果却有云泥之别。你是不是也曾在心底无声地问过上天：你为何要如此待我？但仔细想想，所有的结果，真的是因为"老天爷"不公吗？

以前看过一本书，讲的是一个节目策划回顾自己工作生涯的故事。他非常能干，三十多岁的时候就成了某电视台的知名节目策划人，在一次选秀节目的投票过程中，他突然看到了手机移动端投票观众的庞大体量，预测到手机市场未来可能会成为下一个"风口"。于是，他果断辞掉了当时人人艳羡的工作，进了一家以手机软件研发为主的创业型公司。

几年后，在华为、小米、苹果等智能手机纷纷崛起的时候，他很幸运地搭上了这班车，成为这家公司的主管，过上了衣食无忧的生活。

当初质疑他的家人纷纷称赞他决策英明，他谦虚地说："真正的捷径是在面对形势时具有先人一步的判断力，行业形势有时候比个人努力更重要，即便是同样的努力，但选对方法的人就是'坐火箭'，而选错了的人只能靠走路。"

对形势拥有自己的思考和判断能力，才能看到别人看不到的可能性。

有个著名的音乐剧《摩门经》，讲的是两名到乌干达传教的青年的故事，其中一个怀揣着一腔热血，对乌干达落后的信仰和行为进行鄙视性的教导，结果嘛，大家都能猜得到，自然是没有什么成效；另一个青年则结合当地落后野蛮的特性，采取了荒诞式的教化方式，最终成功地将邪恶分子引上了信仰之路。

这出剧看似荒诞、搞笑，却明确地告诉了我们一个道理：要想达到目的，正确的方法非常重要。

3

很多人似乎都有这样的观念：只要从同样的学校毕业，大家的能力就大致相同。可几年后再看，那些思维开放、更具综合思考和判断能力的人常常会活得更好。

其实，认为知识就是能力，是典型的固化思维。过去很长一段时间里，我们所学习的东西只是书面的知识，这并不能直接转化为能力。能把整本字典都背下来的人，很可能依然写不出一篇好文章。而学会了骑自行车的人，却一辈子也不会忘。知识只是让人懂得"为什么"，并不能直接帮助你"做什么"。通过刻意练习，可以将知识转化为技能，也就是知道如何去做一件事；当技能进一步内化，你就可以在不同的领域自如地运用你的技能；然后技能就升级为能力，而能力能够让人成功。

一个真正有知识的人，懂得如何选择和判断。拥有了寻找路径的思维，才能成为快节奏时代里最稀缺的"复合型人才"。人与机器的差别，就在于我们有对复杂信息的综合处理能力。一个人，若是能找到解决某个问题的最优路径和最佳方法，那么他必然就有着对生活细致入微的观察，有着强大的综合分析能力和逻辑能力，有着对这个世界敏锐的洞察力和理解能力。

一直有人在问，为什么同样一件事，对别人而言很简单，而他自己操作起来却那么难呢？这大约就是思维模式不同和心智差别带来的不同结果。

那些在同一家公司、同一个岗位上工作的人中，心智的差异会产生不同的结果。那些更善于观察、思考的人，能把工作完成得更快更好。他们善于从现状中找寻背后的原理，并找到更合适的解决问题的方法。

近几年，"低品质勤奋""无效努力"这些热词，引起了人们的广泛关注。引发这种现象背后的原因，并不是由于我们的勤奋不够，而是我们努力的方向和方法不对。流水线上的工人，即使付出再多努力，也无法左右公司的命运；不主动思考的人，就像是被人指挥的士兵，即便在士兵这条路上走得再远，也无法当上将军。归根结底，是因为他们没有找到成为将军的方法。

　　而所有这些，都是因为他们是在用两种不同的思维方式思考问题，这只是他们思维的差异性所带来的不同结果而已。

　　曾经有人说，聪明是一种天赋，善良是一种选择。我觉得，聪明也是一种选择。真正的聪明，是一个人用逻辑思维综合分析所有现有条件的结果。只有这样，他才能用对的方法，做成想做的事。

人的价值，取决于他在艰难时刻的选择

1

有一个很具代表性的问题：为什么有些人能承受生活苦难的压迫，但却不愿意主动去吃学习的苦？

在这个问题下面，我觉得最好的答案是这个——生活的苦是被动的，你只能承受；而学习的苦是主动的，你可以选择吃或者不吃。我们中的大部分人都习惯于停留在舒适区域，因为他们没有主动选择吃学习的苦，所以才有了后面的被动承受的苦。

的确，在能舒适的时候选择主动吃苦，对于大部分普通人而言都太难了。在艰难时刻做出正确选择的人，都是反本能的，都是有着超强心智的。

说到反本能的心智，我想起曾经在某网站的节目中，看过一个关于普通人在这个时代如何"逆袭"的访谈。

虽然接受访谈的几个人都是成功人士，其中却有一个尤其令我印象深刻。

他说，其实他"逆袭"的原因很简单，就是他总是做出和大多数人相反的选择。

当年，其他同学毕业后，都急切地想要回馈父母。这种想法原本是再正常不过的，因为举全家之力供出一个大学生本就不是一件容易的事情，可正是这样的想法，局限了他们自己的思维，让他们的发展始终跳不出原生家庭的圈子。

当时大部分同学的思维都是这样的：爸妈供自己读书不容易，好不容易毕业，终于可以赚钱了，可以反哺自己的家庭了。

他的想法却与那些同学不同。

考虑到自己出身农村，若他只从眼前的困境出发去思考未来的发展路径，几年之后可能还是只能回到原点。想要获得更大的职业竞争力，必须从长远规划的角度出发，增强他整个家庭抵御风险的能力。

他综合比较分析之后，决定去寻找有更多发展空间的工作。

关于第一份工作，他最在意的是工作之余还有没有时间去学东西。

为此，他拒绝了很多薪资高但是工作节奏比较紧张的工作，选择了一份时间强度适中，但业余时间充足的工作。

看到很多同学都一脸兴奋地向父母上交自己的工资时，他心如磐石，并没有着急把钱交给父母，而是继续用来拓展自己的技能。

他说，毕业后的那几年很关键，这几年其实是人生的加速期，在这几年里，最重要的事情是要学会检验和完善自己在学校里学到的理论，同时避开刚入社会时，因学校管制松懈后，外界的狂欢与浮躁对自己带来的干扰。

毕业后的三年里，他利用工作之余学会了计算机编程技术。后来，他靠着这个编程技术进了一家国内知名的计算机公司，年薪约七十万。

2

谈到这里时，主持人和他开玩笑说，这个时候你的父母应该觉得松了一口气吧。

他笑了，父母对他的人生未来是松了一口气，但对他们自己的未来还悬着心呢，因为他这个阶段，还是没有回馈他们。

主持人问他为什么，他说，他又一次做了一个"非主流"的选择：他趁着房价不高，用攒下来的工资付了一套房子的首付，然后又用剩下的钱给父母买了价格不菲的商业医疗保险，规划好了父母生病养老的问题。

剩下的钱，他全部用作了自己的学习成本，在职读完了研究生接着又考上了博士。因为自己有IT行业高薪攒下的积蓄，所以他的经济压力小了很多，可以安安心心地做科研。当他的很多同学因为年纪渐长，在工作上因为透支身体而逐渐呈现出疲态时，他已经不再需要做持续熬夜加班的计算机工作，而是靠自己的科研成果升上了大学副教授，在不降低生活质量的前提下换了一份轻松的工作，因此他的精神状态看起来也显得很好，而且业余时间充足。

在经济上，当他的众多同学深陷在小家和大家的两头开销里时，他给父母买的高额商业保险却在这时显现出了良好的效果，让他不至于因为需要负担两个家庭的巨大开销而感到捉襟见肘。

他说，其实他很多同学毕业后，都是为了求职而求职。原来有些专业成绩不错的，看到某个单位待遇好，就急哄哄地跳槽；原来有些不擅长某个领域的，因为对方能提供了一些微薄的福利，就抱着试一试的心态在单位里混日子；还有一些明明待在企业里会有更大发展前景的同学，却为了追求父母口中的稳定，选择了毫无技术含量的闲职，有点儿空闲时间就打游戏，几年后再抬头看世界的时候，发现自己已经被世界远远甩在了身后。

他们从同样的学校毕业，因为不同的职业选择，获得了不同的人生际遇。

3

那些迫切求职的同学，很多人从学生时代就背负着极大的心理负担和道德束缚。他们一毕业就盲目追求"看起来的经济独立和自信成熟"，着急忙慌地参加工作，急切希望回馈父母。

他们呈现出这样的状态，就是因为他们所有的决策都只是满足眼前需求，而不是从长远出发做整体规划。其实在刚毕业的几年里，父母尚有劳动能力，并没有到亟待孩子必须回馈的地步。而处于发展关键期的孩子，一旦错过了职场上自我提升的机会，就无法再回头。

　　很多时候，人顺从了自己人性上的某些情感需要，却往往埋下了人生规划偏差的隐患。当我们迫切地想要证明自己的存在价值，想要用物化自己的方式把曾经为学习投入的成本快速变现时，这种固化思维带来的惯性，会让我们在本该需要调用理智进行长远规划的时候，却被情感俘获，毁掉了自己的前程。

　　如果延迟一下学习的回馈期，不急切地满足自己一毕业就去回馈父母的那种与生俱来的道德感，而是静下心来分析一下自己更适合做什么，就不会因为这种快速变现而减损自己本来更应该去实现的人生价值。

　　如果抛弃限制我们的固化思维，更清醒地面对自己所处的世界，拒绝满足眼前的舒适，忍一时之痛而得今后之安逸的话，我们就不会只能一直被动承受生活的压迫。可惜，由于固化思维带来的惯性，让我们习惯了被动接受世界或是他人的要求，一旦需要我们自己做决定，我们中的大多数人都没有主动反本能的勇气。

4

　　有一个朋友对我说，当我们作为一个学生喊口号时，都误认为自己已经明白我们更应该做的是"重要但不紧急的事情"，但在人生的旅程中，我们常常会本能地用自己情感的惯性去处理事情，优先选择做那些"紧急但不重要的事"。因为以这样的选择去处理一件事，是大多数人的本能。

但只要仔细观察，我们会发现，很多优秀的人，正是因为反本能而优秀。反本能里有一种自我克制，这种克制是分析后的结果，包含着高级的理智思维。正是这种更高级的理智思维，决定了我们的人生价值，因为它代表着我们观察事物的眼光和思考问题的深度。

可是，也正因为反本能的选择大多太过艰难，所以绝大部分人都做不到。

其实，如果我们愿意把目光放得长远一些，从整个人生层面剖析自己，提升自己的思维格局，我们就会看到，人生的很多领先优势，就在于我们能不能做出先人一步的反本能选择。一旦我们始终顺应本能，无限放纵欲望，我们的人生，就会如同多米诺骨牌一般，产生一系列的连锁反应，永远被动地处在一种追赶命运脚步的状态里。

而这一切问题的源头，其实还是我们的认知出现了偏差。我们难以跳出当下本能需求带来的思维格局，看不到未来的隐患，总是依照惯性来做选择。能不能清醒地看到以后的方向，能不能明白当下什么最重要，都呼应着我们反本能的高级心智。

因为，真正决定我们的价值的，是我们能不能在命运的关键点上成为自己的高级决策者。因为在这些关键时刻，我们需要运用更高级的理智思维，需要摒弃本能中的那些惯性。它是如此痛苦，如此违背惯性，因而也就注定了能做到这个层面的人永远都是少数。

当我们明白了这一切，在需要做出选择的时候，就可以刻意提醒自己，不要只依照本能和情感去做事，一定要综合所有条件，考察这项决定到底符不符合我们长远规划的需求，到底会不会影响我们实现自己的长远目标。只有这样，才不会错过提升自己竞争力的最佳时机，也不会再三地将自己陷入不停追赶命运的被动境地。

你不想靠自己，才真的会被世界抛弃

1

之前做人事主管时，我无意中接触了一个刚毕业就跨专业换岗位的姑娘。看她的简历，毕业院校并不差，所学的专业也还不错，是当下的热门专业之一。可是她的简历上，每份工作干的时间都不长，最短的一次跳槽，居然只有二十多天。

录用这个姑娘后，和她接触了一段时间。我发现，她的为人其实还算好，长相、性格也都属于上佳，但就是入世太浅，轻而易举就相信男人的甜言蜜语。

进公司没多久，她就谈起了恋爱。

主管让她多在工作上花心思，她刚踌躇满志了三天，中途遇到一点儿小挫折，就打电话向男朋友诉苦。看到对方一条"你不用怕，将来我养你"的信息，她的雄心壮志就慢慢偃旗息鼓了。

"我养你"这几个字给了她某种特殊的鼓舞。于是，她就顺理成章地沉浸在了爱情里，放弃了刻苦的学习，但凡上班时有一点儿空闲时间，她就捧着手机阅读言情小说，追言情剧，言谈中对其中描述的浪漫爱情向往不已。平时点开她的朋友圈，除了自拍照，就是转发的一些类似《真正爱你的男人，一定会做的几件事》之类的文章。

在她的世界里，爱情来势汹汹，甚至到了如戏剧般夸张的地步。恋爱一个多月后，她开始以各种借口向公司请假——今天心情不好不想上班，明天和男朋友吵架不想上班，伤感于自己一无所有的现状没心情上班等等。

我常常看到她晚上十二点之后还在朋友圈里感慨北漂生活的不易。

但凡在公司里遇到一点儿人事或是工作上的麻烦，她就打电话给男朋友，一开始还和风细雨，说多了之后，只要对方流露出一点儿不耐烦的情绪，她就会感到非常难受。同事劝解她，她郁闷地喃喃自语："是他自己承诺过，要保护我、爱护我的，为什么当我真的遇到了问题，他都不肯帮我解决呢？"

我观察了她很久，发现她对爱情真的很用心，但除了爱情，她日常生活的其他行为方式基本上可以用网络词汇"傻白甜"来形容。她做事时都只凭思维惯性而不做任何的理性思考。她的家庭教育和她理解的世界似乎是一个"童话泡沫"：一个女人，只要没有什么野心，心地善良，与世无争，就可以获得自己想要的生活。

2

其实，不仅仅是她，很多刚从学校单纯环境出来的姑娘，心底或多或少都会对爱情有这样的期待。

女人们常常会把世界上的一切都浪漫化而不去触碰事物背后的本质。她们很多人甚至一生都在对男性的期望中打转，时常感慨自己人生不易。我身边有好几个女性朋友，时常会抱怨被前男友伤害，喟叹自己三十多岁时还如同无根浮萍般不能安定，她们心中，都亟待一个童话里的王子和一场梦幻中的婚姻来解决自己的现实问题。

和我这个同事姑娘在公开场合发表的感慨一样，这类对别人的要求，更像是一种类似于心理安慰式的自欺。

她们最大的问题，就是想消除自己现实中的不努力带来的焦虑，不能正视自己产生这些问题的根源，认为有了情感就能解决一切麻烦。

在她们看来，爱情和婚姻更像是一份精致包装的礼物，她只需要用单纯和一腔天真就能换取。可事实上，一个人对情感的期待越高，那么他（她）想要从情感中索要的回报就越多。

渴望通过虚幻感情来解决自己现实问题的想法，是很多刚步入社会的女生的通病。

在她们的观念里，这个世界上复杂的人事问题，以及无孔不入的诱惑，还有你死我活的竞争，都需要由爱她们的男人去解决。

不知道她们有没有想过，如果一个男人也同样告诉世界：只要没什么野心，只需要心地善良、与世无争，就可以获得自己想要的生活。这样的想法和痴心妄想有什么区别呢？

成人的世界里没有谁比谁活得更容易，拿性别和爱情当借口，是无法遮蔽残酷现实的。不论我们自身多么"率真宁静"，也逃避不了这个世界加诸给我们成长途中的那些真实的鸡毛蒜皮。

那个不停寻找能解决所有问题的男朋友的姑娘，爱情的失败成了伪装人生失败的挡箭牌，她所有的人生问题，其实都源于她并不想通过自己的努力去获得自己想要的东西。

她对男友的抱怨和这场看似不顾一切的爱情，更像是一场作秀。

这种用大众普遍认同的情感需求来做掩护，自觉不自觉地借别人的喜爱来证明自己的价值，而不靠自己想办法去克服工作中的痛苦的做法，不可能找到自我成就带来的那种脚踏实地的坚实感。

每个人向上的路，都只能是一场孤独的自我战斗。越早明白这一点，我们才会活得越通透。奋斗这条布满荆棘的道路之所以如此艰难，是由于它不会因为单纯，因为性别、爱情就让你轻松得到涅槃与圆满。单纯地想要用一场真诚的爱情来换取一切，更像是一种投机取巧式的急功近利。

3

我们在学生时代受到过很多关于爱的美好教育。它们沉淀在我们的思维认知里，让很多人不相信在这个世界上获取自己想要的资源时，要经过很多令人难堪的、虚伪的、真实的、痛苦的考验，才能终有所得。但这个世界其实就是个冷酷仙境，我们需要清醒地认识到，真正的平淡，只有通过战斗才能获得。踏上真正的坦途之前，必先披荆斩棘。想要逃避战斗的人，就会同那个不停换工作换男朋友的姑娘一样，永远被焦虑和恐惧绑架，无论进入社会多久，心理年龄都没办法真正成长。

命运不会因为我们舍不得对自己狠，就对我们网开一面。

正如鲁迅先生所说的那样："真正的勇士，敢于直面惨淡的人生，敢于正视淋漓的鲜血。"

真实的世界是没有所谓的避难所的，承认生活的艰难，才不会寄希望于他人。成功从来都不会从天而降，看清自己，并接纳自己，然后成为自己。只有依赖自己，摆脱所有想要自我逃避的借口，下决心靠自我奋斗，才能从源头摆脱被抛弃的命运。

姑娘们，别害怕自我打拼，别害怕梦想会在旅程中遭遇孤独与失败，因为孤独与失败是每个追求梦想的人必然会遇到的。挫败是每个有梦想的人的必修课。枯燥、单调、重复、看起来不那么浪漫和美好的东西里，才藏着真正令一个人更强大的力量。这才是生命厚度和幸福质感的来源，只有靠自己的努力，一点一滴地超越自己的人，才会有一种来自灵魂深处的强大，一种由内而外的从容自信，并找到真正坚实的生活基底。

靠自己去追梦的人，不会害怕任何人离开。因为他们自己就是自己的支撑。他们明白，只有经过青春这场荆棘丛生、异常孤独的战争磨砺，当黎明到来时，才能安然地向有光芒的地方眺望。

那些错把平台当能力的人，都摔得很惨

1

把有光环的人从"神坛"上拉下来这件事，一向都不缺乏围观者。

看到网上有个人抱怨说，他原本是从全国排名 TOP5 的院校毕业的，一毕业就进了外企做技术岗，前三年干得还不错，职位节节攀升，年薪从二十万涨到了四十万，但是当他看到周围的同事以及同学都去创业的时候，他也脑袋一热，辞职和朋友一起去创业了。等自己创业的时候他才发现，平台不一样，做事的难度也不一样，原来看起来易如反掌的事情现在做起来难如登天。

创业过程中，他把以前赚到的钱都耗光了。没有钱寸步难行，为了挣些快钱，他不得不选择去做销售，在管理混乱的小公司和几家创业型公司里做了一段时间后，他的销售业绩不太理想。接连跳槽了好几次后，他发现自己每次都必须从最基础的工作岗位上重新干起。他越来越沉不下心来，年龄逐年看涨，手里的积蓄却不增反减。几年时间倏忽而去，他偶尔回想起自己当初在外企时的风光，恍若隔世。

他说，自己最后悔的事情就是错将进入外企平台的偶然运气，当成了自己的实际能力。平台自带的光环遮掩了他能力上的缺陷，他创业之后才发现自己并不适合做开拓性的工作。明明开局就拿到了一副适合自己的好牌，却硬生生地被自己打烂了。记得当时毕业时和他一起进入外企做技术的同学，现在已经升到了外企技术主管的职位，还在一线城市里全款买了房子。

反观自己，人近中年，存款不足三万，还随时有清零的危险。

谈了几年的女友，也因失望而选择了和他分手。

其实，不单是他，只要我们关注一下新闻，就会发现，有很多曾经靠平台和机遇成功的人，因为对自己的能力没有正确的估量，最后把自己折腾得狼狈不堪。比如有人为了眼前蝇头小利而跳槽，硬生生地把原先大好的优势丢弃；比如有人明明不适合创业，却在别人的鼓动下离开了自己之前的平台，从此走上了一条风光不再的下坡路。

2

前几年，我在一个作者群里认识的 J 老师也是如此。最初她只是一个籍籍无名的写手，和很多想要出书的作者一样，她每天都花大量的时间研究各类杂志的文章风格，四处寻求发表文章的途径。

那时候，有个出版公司的编辑听说她很努力，经朋友介绍加了 J 老师的微信，邀约她帮忙写一本书稿。J 老师当即就愉快地答应了编辑的要求，咬牙坚持着把出版公司约定的十万字认真写完后，还配合编辑要求多次对文章进行修改。编辑十分满意 J 老师的态度，这本书出版之后，一直大力帮她进行各种宣传推广。

第一本书的出版给 J 老师带来了一些意想不到的收获。那本书经出版公司推广后，销售情况非常不错。借这本书打开知名度后，一些工作室、自媒体平台开始慢慢听到 J 老师的名字，并主动向J老师约稿。他们开出的价钱比第一本书的稿费略高一些，还纷纷夸赞J老师说，当初那本书如果不是J老师写得好，出版公司也没办法把书推广出去。

在众人的吹捧下，J老师自己也开始有些飘飘然。她果断脱离了当初合作的出版平台，给自己换了一个笔名，签约了一些稿费较高的工作室和自媒体，在短短半年内又接连出版了两三本书。

可让J老师意外的是，这一次，她在众人口中称赞的那种所向披靡的才华并没有撬动市场上的读者，也没有收到她预期中的大卖效果，甚至豆瓣中的一些评论直接就对她的文字水平和写作观点进行了赤裸裸的嘲讽和贬低。

当初那个出版公司的编辑知道这些事后，她不忍心看J老师太伤心，忍不住在微信上安慰她说，出版作品其实是一个很复杂的过程，并不仅仅是把一段段文字组合成一本书，就算完了。J老师第一本书的销售效果不错，是因为出版公司有资深的策划编辑、专业水准的校对、设计、发行人员为她这本书服务，还有公司平台以前积累的读者和市场等，这一整套流程共同撑起了这本书大卖的局面。但这些都是J老师出书之初并不了解，编辑也没有告诉她的事情。

3

错把平台当能力，是很多刚毕业的学生都会犯的错误。因为一个人没有经过大的挫折，就不会对自己的能力有清醒的认知。有一种很典型的固化思维，就是认为人生的考验和学校里的考试一样，我们付出多少努力就会收到多少回报。但在工作中，平台可能带来你想象不到的作用。所处的平台不同，人的眼界、见识、格局也会不一样。好的平台，能令人事半功倍，为自己的人生带来加速的效果。

记得有一次，我约谈了一个企业家。在我夸他有眼光有执行力的时候，他诚恳地说，这些个人品质，对一个人能不能成功而言固然很重要，但是仅有这些还不够，人能否实现自己的抱负，还要看你站在什么样的平台上。

能不能深切地认识到这一点，关系到一个人能否对自我能力和周边环境做出正确判断。

我朋友曾经告诉我，她从某个明星的亲戚那里听到过的关于某明星成功的秘诀——这个明星出道时才十几岁，那时候他还只是个普通的小男孩。自从他成为演员和歌手后，就站到了一个万众瞩目的平台上。为了满足观众的期待，他对自己要求越来越高，也越来越自律，从各个方面去努力做到自己能做到的最佳状态。有了这样的内外驱力，加上他既没有负面新闻，又有一种内秀式的可爱，没几年就红遍了大江南北。

由此可见，好的平台可以将人与生俱来的优秀渴望放大，对人的心理有着难以估量的积极帮助。

更何况，那些能令我们取得成就的平台，背后都隐藏着不为人知的过人之处，这些平台背后，往往汇聚了一群优秀的人。当我们身处这样优秀的团队中时，因为都是优秀的人在伴你一路同行，所以你自然而然地就会向那些优秀的人学习，长久积累下去，便能获得旁人艳羡的成就。当然，也正是因为平台上的这些优秀的人共同形成的托举的力量，我们才能轻松地完成一件事。

其实，这个世界并不缺聪明人，缺的是活得清醒的人。一个人，能找准自己的定位，认清自己的实力，对于未来的成长和前行非常重要。高估自己能力的人，即使一时领先，他们也很难走远。这个世界远比我们看到的更复杂、更深刻。不承认平台的力量，把自己的能力看得过高，最后受到打击也是必然的。

决定人生高度的不光是拼爹，
还有一个人的眼界和格局

1

朋友在微信上给我发了一个视频，内容是关于一个国际知名企业家的创业历程访谈。当主持人数次提到他在商业领域的独到眼光和技术优势时，他都礼貌地表示，他现在的一切成就，并不完全是靠自己的努力得来的。

他说，他之所以能成为别人眼中的成功人士，一是因为他生在一个好时代，二是因为他运气好，看到了外面广阔天地后，拥有了国际视野，才获得了现在的领先优势，这些皆是环环相扣，缺一不可的。

　　他告诉观众，自己原本是一个资质很普通的二本学生，毕业后分配到了一个相对清闲的单位，工作性质看起来就和养老差不多。

　　到单位不久后，他便熟悉了单位的情况。当他得知单位有外派德国学习的机会后，他萌生了要去德国见识更广阔天地的想法。因为他在学校学的是机械，平时自己又喜欢钻研机械技术，他很希望能通过单位的外派得到去德国学习机械技术的机会，一旦下定决心，他便开始每天五点钟就起床学德语。

　　和他一起进单位的两个同事，对他的这种做法提出了质疑，他们嘲笑他说，在这种和养老院机制差不多的单位工作，学这些东西干什么？他们现在的工作随便混混就行了，又不需要那些复杂的机械技术，这项政策一直如同摆设，这个机会也从来没有谁得到过。

　　同事甚至告诫他，既然已经找到了这样旱涝保收的工作，就不要再想跳槽的事了，安心存几年钱，也足够他买房买车，在小县城里舒舒服服地过上普通小康的安定生活了，为什么还要如此苛待自己，跑到国外去受那"洋罪"。

　　他并没有因为同事的这些质疑就动摇自己学习的决心，那些同事说过他几次后，看他不为所动，也就渐渐地疏远他，从此任何娱乐活动都不再叫他。

虽然成了单位里不合群的怪人，但他也不太在意。学了一年多德语后，他顺理成章地向单位申请到了公费外派学习的机会，在德国学习了大量先进的机械技术。

学成回国一年多后，因为国家政策变动，他原来的单位被合并了，躺在老岗位上吃闲饭的同事都傻眼了。

而他却凭借自己在机械方面的专业技术，很轻松就找到了一份高薪的工作，这份工作攒下来的钱，成了他开辟自己的事业的第一桶金。

谈到这里时，视频里的主持人称赞他有先见之明，他却摇摇头说，商业社会中的洗牌无处不在，但站得更高看得更远的人始终会比那些躺着吃老本的人更具领先优势，也更有竞争力。平台提供的资源再好，也不要抱着一劳永逸的心态，一个人最强的资源，永远都只能是他自己。

2

这个访谈让我想起了网上有个人讲述过的，关于他自己的家庭如何实现格局跃升的故事。故事讲述者的父亲很早之前就在某四线城市做到了高级工程师的位置，若是他们的家庭就此偏安于一隅，也未尝不可。但是他的父亲并没有故步自封。为了让自己的孩子——也就是故事的讲述者获得更开阔的眼界和更高的格局，拥有更高的起点，他的父亲辞去了小城市的"铁饭碗"，咬牙北上，到大城市重新打拼。为了让他上学方便，父亲又贷款在北京买了一套房。举家搬到北京后，他父亲为了还房贷，在原来的技术基础上，重新拾起课本开始学习高级技工技术，这些技术大多是从国外引进的，为了看懂这些书，四十多岁的父亲，还坚持每天背两个小时的英语单词。

靠着这样的刻苦精神，他父亲终于在北京扎下了根，还送他去美国留了学。

他说，当初和父亲在同一个单位的那些叔叔阿姨的孩子还在为大学毕业后如何在大城市买房立足而焦头烂额时，他已经精通了好几个国家的语言，在国外找到了一份能开阔视野、又能保证学习时间的工作。他说，对比之前在同一个地方的那些叔叔阿姨的孩子，他很庆幸，如果不是他父亲当初主动打破了自己的舒适区域，跳出了小地方对眼界和思维的限制，他也就无法比别人拥有更高的起点。

不接触未知世界，不敢主动走出"令我们觉得很舒适"的环境，尽量按照现有的模式生活，将眼前所能看到的一亩三分地照料好，是远古时代的恶劣竞争环境留在我们基因深处的记忆惯性，也和我们一直以来的学习经历和受教育模式有关。

毕竟，我们大部分人从小学到大学受教育的经历都被限定在一个相对封闭的小圈子中，所接收到的信息也十分有限。但在学校里，只要留心观察，你会发现，总有那么几个知识广博到不受课本限制的人；在社会竞争里，只要我们去对比，也总能看见一些打破舒适区域和惯性思维，主动把握自己命运脉搏的人。

3

记得吴军老师在《见识》一书里提到过的一个细节，他是做语音识别技术的，二十年前在国内是领先技术，但是在一次国际学术交流会上，对比约翰·霍普金斯大学、麻省理工、卡耐基·梅隆大学的顶尖技术时，他才发现自己原来的技术领先优势根本算不上什么。

认识到这一点之后，他放弃了自己在国内的一切，到约翰·霍普金斯大学研修博士学位，见识了许多世界级的计算机大师，同时还接触到了许多国内根本接触不到的先进的计算机语音识别技术。

回忆那段经历时，吴军老师感叹道：如果没有那次学术会议，我可能还会一直沉浸在自己现有的眼界里，心里觉得自己还蛮不错的，永远也不会去想外面的天地有多大。

其实，要打破固有认知，跳出自身格局限制，目光一定要远大。不能被眼前小平台上的成就和暂时的安逸冲昏头脑。人与人之间的差别并不在于智商，而在于心智。那些心智成熟得更早的人，他们会有更清晰的认知能力。只有这样，才能高瞻远瞩。我们所说的高格局，其实就是打破了思维的限制，认识发展的本质，不限制自己对未来的想象。这样才不会故步自封，而是时刻保持警惕，想象着在自己所认识到的世界之外，还有更广阔的天地等待自己去发现，去探究，去学习。而一个人为梦想而付出努力，需要这样明确的思维体系和认知格局来支撑。一个高格局有眼界的人，很快能看清世界的本质，突破自己所处环境的限制，不拘囿于一时一地的成功，而是始终以顶级的"牛人"和"技术成就"为自己的目标。

而那些随波逐流，永远被环境驱动，生活给什么就要什么的人，也许活了一辈子也没能摆脱固化思维。他们习惯被动接受，习惯追随群体中大多数人的做派，无法跳出自身的环境限制，看到比自己眼前更深更远的认知。

有人说，决定我们人生高度的，是我们当初的起点。但在起点之外，我们能走多远，靠的是眼界和格局。而决定我们眼界和格局的，是我们的心智。心智越成熟的人，就越会警惕大家口中的安逸环境。当一个人对世界具备了深度的理解能力，他就不会只满足于当下的舒适，而是从全局出发，用长远的目光去看待人生。这样他就不会被表象迷惑，也不会轻易被周围的环境影响。因为心智的力量能让人具备分辨能力，眼界能让人不被现状迷惑，格局能让人突破自己按路径规划一步步实现宏大目标。一个人有了这样的认知，就有了守护自己心灵和思想的支撑，不会轻易为他人的语言攻击而动摇；不会为那些看起来很美但根本不适合自己的东西而动心；不会被世界浮躁和喧嚣的表象所干扰。

那些优秀的人身上大都有一个共同点，那就是他们自始至终不相信自己仅止于眼前的苟且，他们确信自己还会拥有诗意的远方。

很多世俗意义上的成功者，都能站在更高的眼界和更宏伟的人生蓝图上为自己制定目标，并坚持不懈地朝着这个目标努力。

这些品质，让一个人敢于冒险，不把自己拘囿在固有的认知里浪费时间、蹉跎岁月。

此外，不做一个仅满足于当下成绩，头疼医头，脚疼医脚的人，才是应对人生未知风险最保险的方式。外部环境没有人能控制，但如果我们始终能按我们给自己所树立的终极目标进行自我要求，即使有天跌到最差的环境里，我们也会比那些一直仅停留在自我舒适区的人拥有更强的风险抵御能力。试想，如果人生也是一场命运给我们的考试，那些复习掌握十成的人，一定会比复习到三成的人要更有把握。

越有智慧的人，就越会懂得该如何取舍

1

前几天，在朋友圈里看到大学同学凡凡发的一组图片，原本在学校时属于"微胖界"的她，通过坚持健身，终于成功迈入了"女神"的行列。

她发在朋友圈的照片里，秀出了自己的纤腰、翘臀，还有令很多人羡慕不已的马甲线。

另一个大学同学慧慧在凡凡那条带照片的朋友圈信息下面留言说：看到你这样我实在太羡慕了，我要向你学习，为变成女神而坚持减肥。

接下来的三天，慧慧每天早上七点左右都会在朋友圈发一条跑步打卡的信息，但是到第四天早上，慧慧的朋友圈的打卡信息突然没有了，接下来的几天里，又恢复成她以往那些和工作有关的励志词汇，或是一些她个人今日心情之类的信息，以及和她职业密切相关的话题文章转载。

看到这里，我再次点开朋友圈，在凡凡当初那条秀马甲线的图片里面回复慧慧：我就知道，你这个大忙人，坚持锻炼的时间肯定不会超过一星期。

她几乎是秒回道："真不幸，这都被你看穿了。"

如果按照很多社交网站和励志书的标准，慧慧大概已经可以被定义为没有意志力的"懒人"案例了。可是，若从另一面来看，身为银行经理的她，除了身材略胖一点儿，收入已达到了年薪百万的水平，外汇相关的专业知识在行内的竞赛里次次都是优胜，服务客户的能力非常突出。她曾在英国读完硕士，美国读完博士，异国求学数十年的孤独岁月里，她若是没有超出常人的意志力，一定坚持不下来。

2

细想一下，这是为什么呢？难道一个人的意志力，对于她所有的行为习惯，不应该是主导与被主导的关系吗？

在思考这个问题的时候，我想起了另一件事——曾经有个读者在逻辑思维的公众号下留言问罗振宇：既然你能坚持每天六点钟起床发语音，为什么你不能坚持锻炼减肥呢？

可能在大部分涉世未深或是不善于思考生活的人的意识里，一个人如果没有坚持干某件事，就是没有意志力的表现吧。

但其实这种思维，就和"只要……就……"句式一样，把人统一到某一种规范和标准里，把日常生活的一切，用一句很笼统的"意志力不强"来归结。这种简单粗暴的认定和价值判断，缺乏理性支撑，没有经过深度的综合分析。

事实上，真实生活中，我们的意志力常常会有选择性地"重点关照"我们某些方面的行为——一个能坚持打三年篮球的人，可能连三天书都看不下去；一个能学数十年钢琴的人，有可能跑步跑不到一周就想放弃；一个靠意志力坚持每天清晨五点钟就起来学英语的人，强行让他学习别的学科，对他而言可能就会是种巨大的折磨。

这些人，都有着自己擅长的领域。若在他们所擅长的领域里，也有一个以意志力为基准的评判标准线，他们肯定不会被划分在缺乏意志力的那类群体里。

这件事让我想起了媒体有一阵子对张震的宣传：张震是一名非常优秀的演员，为了演《吴清源》学围棋，练成了围棋三段；《一代宗师》杀青，他拿到了八极拳的冠军；《刺客聂隐娘》拍完时，他学会了近身剑术。

他附加在演员光环外的这些围棋、拳术、剑术成绩，对于普通人而言的确已经非常不容易，但绝对比不了这个行业里的职业选手。

大家赞美他，归根结底是因为他为了演员的专业性而付出了大量的精力。他学会了很多角色以外的东西，是为了把角色塑造好。如果去掉演员这个先决条件，即使他学了围棋、八极拳和剑术，很多观众应该也不会关心他在围棋、八极拳和剑术上的成就。

3

在这个高速运转的世界里，其实需要的并不是全才，而是一个在自己本职工作上具备核心竞争力的人。

同学凡凡能坚持锻炼，是因为她在上市公司做产品推广。她每一天都需要面对大量客户，一个月要主持好几场产品发布会，对她而言，管理好身材，维护自己形象完美，也是她工作的一部分，而且是她工作中非常重要的部分之一。她下功夫健身，是因为健身本身服务于她的核心需求。要想在这个需要良好形象的工作岗位上保持持续的竞争力，她就必须在健身房里挥汗如雨。

慧慧则不然，她的百万年薪源自她对金融知识的透彻了解。源自她解答客户问题时的专业程度，曼妙的身姿于她的工作而言，只能起到锦上添花的作用。即使一时不减肥，也不会影响她工作上的核心环节，她当然就不会有凡凡那样在身材上的紧迫感和内驱力。

她们现在呈现出的结果，是她们在各自思维中选择了生活重点之后的结果。其实她们已经放弃了做全才，而是选择专注于自己的核心竞争力，所以她们在工作中才会呈现出各自该有的精彩。

专注于演员事业的张震，受到了观众的赞赏，用他的专业程度和那些只有颜值没有才华的一众小鲜肉做对比，孰优孰劣一眼可知；坚持每天发60秒语音的罗振宇，是中国自媒体第一人，他拥有最大的知识付费APP，但坚持减肥的罗振宇，最终只能是一个普通的瘦子而已。

4

很多有固化思维的人，他们最大的问题就在于情绪大于理性，不懂得取舍。今天听到别人宣传读书好，就一股脑按书单买上一大堆书；明天听别人说健身好，就急哄哄地跑去办了一张健身卡……

他们很容易被宣传语所传达出来的情绪感染，没有深入分析这些东西到底是不是自己目前所需要的。

其实，懂得取舍的人才能活得更轻松。从学生转变为社会人，需要我们能找到符合自身职业规划的核心竞争力，而不是成为一个全方位多角度都在咬牙死撑的全才。

真正有智慧的人，应该学会集中精力先专注做好一件事。也就是说，我们的意志力，应该服务于我们现阶段的第一需求。换言之，成熟的人，应该明白自己为什么在核心竞争力以外缺乏"意志力"的原因，那是因为他们懂得集中注意力做好自己最需要做好的事情。只有这样日积夜累地叠加，我们才能修炼成某个领域的专家，才能在这个领域，最终达到常人难以企及的高度。

　　就如《自控力》那本书中所说的那样，人的意志力是有限的。每个人只能在自己擅长的领域里发光发热，努力将自己擅长的东西做好，才会为你赢来更多的精彩。无数个专才分工合作，这个宏大有序的世界才能有条不紊地运转。

　　不管什么时候，我们都需要明确这一点：能呈现我们自身分辨率的品质，永远会是我们最擅长的那一部分。懂得如何取舍，才是我们智慧闪光的地方。

真正的"富养"，
是能富养出一个人识别免费代价的能力

1

晚上下班，在小区的楼道里等电梯的时候，看见一个妈妈，一只手提了两大包东西，一只手拽着自己的孩子，边走边数落："叫你放学快点儿走，不知道在磨蹭什么，搞得今天纸巾都没领到。"

孩子眼里有些惶惑，满是泪花，一副卑微无助的样子。

我知道她说的领纸巾，是小区门口的超市做宣传活动时派送的免费纸巾，这些派送的奖品因为商家限量，通常都是先到先得。

孩子无助的表情，让我想起了一个朋友的往事。

事情关于朋友小时候生活的一段真实经历。他说，小时候因为家贫，不管遇到什么事，母亲的第一反应总是怨天尤人，接着就是指桑骂槐。父亲所在单位分配的那些东西，不管有没有他们的，母亲都要带着他去找领导闹，去争抢，母亲这样的做法，一度令他非常自卑。不仅如此，母亲还会常常给他灌输一种"不节俭就是犯罪，免费的不要就是傻子"的思想，这样根深蒂固的"省俭思维"，导致他成年之后都带着一种自卑的惯性。明明自己已经经济独立了，明明可以自己掌控生活了，却时常还是会对未来感到焦虑，还掺杂着某种莫名其妙的厌世情绪。他说，感觉自己从来都不知道富足是什么样的感觉，就算偶尔想奢侈一回，对自己稍微好点儿，事后马上就会感到歉疚万分，觉得自己似乎已经开启了奢侈浪费的堕落源头，并为此在心中自责纠结良久。

朋友说，这种思维模式，还影响了他的工作。在他参加工作之后，因为习惯了要"多争取免费""学会不吃亏""能不花钱就绝不花钱"这些思维模式，因此每次需要他掏钱办公事的时候，他都会犹豫不决。有时候明明预先垫付出几百块钱就能做成的事，他也会下意识地选择回避。他会选择先回公司向领导汇报，然后再申请财务付款，可等公司把钱批下来时，工作的进度已经被耽误很久了。

这种"一分钱也损失不起"的思维模式，让的工作失去了效率。久而久之，领导们明白了他的习惯，虽然没有炒掉他，但也都不把重要项目交给他来负责。

这一切的源头，是他在学生时代家庭中所养成的那种"不花钱才是王道""免费的东西一定要争取"的思维习惯。其实，他家里并没有困难到那种程度。但是对于很多和他有着相同思维模式的人而言，不管有没有必要，省钱永远都是他们做一件事时优先考虑的因素，即使这样做会浪费很多时间也在所不惜。

2

他的经历，让我想起了一个曾经借了校园贷的小学妹。她告诉我，她原本不是那种奢侈的女孩，可是却被校园贷那种免费标签吸引住了，她想着套出免费本金来炒股，这样不就能减轻家里的压力吗？她没有想到自己没有能力把握股市，也没有能力把握校园贷"免费"背后的隐性代价，当她想回头时，发现自己深陷"免费贷款"利滚利的陷阱之中。为此，她不得不深夜在微信上向我求助,希望我能借钱给她,让那些放贷公司不至于打电话给她父母。

其实,免息的宣传语,是一个针对人性弱点设计的漂亮陷阱。那些人能喊着免费口号挣钱,就是想不劳而获。我的小学妹本来可以用消耗在这件事上的情绪和时间做成更多的事情,可是她却被"免费"的口号迷惑,在"通过校园贷炒股"这件事上浪费了整整一年多的时间。

其实,这个世界上没有什么是真正免费的,所有的免费背后,都需要我们付出代价。我们不知道那些免费的表象背后标价有多高,但因为克制不了对"免费"的贪欲而付出自己承受不起的隐性代价,才是最不合算的事。一不小心,被浪费掉的就是自己本可以更优秀的人生。适当节俭并没有错,但过度追求免费,就是一种贪欲了。奢望不付出代价就得到某样东西的心理,是一种能占便宜就占便宜的病态思维。

日常生活中,贪小便宜常常会令人吃大亏。很多人会上免费的当,就是因为我们一直受到的都是"贫穷教育"。当我们从学校出来时,除了那些自带光环的少数人,大部分人可能都很普通,或许还带着几丝自卑与无助,因为我们对物质条件的需求,与我们的经济能力尚不匹配。从物质缺乏的时代走过来的贫困烙印，不但深深地印在了我们父母辈的基因里，也在无形中影响我们自己。

但正是因为这种思维上的局限性，导致我们从未形成完整且正确的金钱观。

3

记得我哥哥的某个同学曾经告诉我关于他毕业时找工作的事情，他说，自己当时本来可以抓住一个留校的机会，但是需要交一笔将近两万块钱的保证金，而另一家当地的报社不仅不需要交费，还免费提供吃住。为了这两个免费条件，他明明知道留校对自己的未来发展更好，但是他最终还是选择了去那家报社。几年过后，当初留校的几个同学混得风生水起，而他所在的报社却在自媒体和互联网冲击下每况愈下，甚至面临着解体的危险。

在某个情感公众号里看到过一个故事，故事里的姑娘为了还债将自己匆忙嫁了出去。婚后，她为了原生家庭的债务忍受着来自丈夫的家庭暴力，她的婚姻固然是自己的选择，但深层次的原因是因为她的家庭和她自己都觉得自己"不值钱"，在这段婚姻里，她成为了一个物化的"交易品"，包括她自己本人在内的所有原生家庭成员都希望靠她的婚姻免费获取经济利益，以摆脱自己当下的困境。

是的，我们害怕花钱，是因为我们首先从心理上否定了自身创造价值的可能性。我们的灵魂是卑微的，因为在还没有摆脱固化思维的人心里，花费在知识上的时间，还没有被社会承认，没有被证明有经济价值。我们的人生价值，在有形的竞价机制下节节溃败。似乎身边的一切有标价的东西，都比我们自身来得更重要。只要不花钱，我们可以牺牲时间、健康、甚至自己的幸福。

我朋友原生家庭带来的那种思维模式虽然可悲，但只是影响了他工作跃升的机会，并不致命；学妹校园贷的困境，也只是掠过人生的某个险峰，最终在大家的帮助下得到了解决；可在更多无力回天的故事里，免费背后的隐蔽代价实在太大。很多一两块钱都要节省的人，辛苦积攒下半生的积蓄，却因为轻信以免费为噱头的广告，步入陷阱，一步步地走向别人的圈套而最终人财两空。很多在灵魂深处把自己的人生价值免费标价处理的姑娘，因为得不到这个世界的爱惜而陷入绝境……

4

茨威格的《断头皇后》中有一句话："上帝给你的一切，都在暗中标好了价格。"

我们自以为聪明、占便宜的时候，其实别人也不傻；我们自以为得到了不需要支付成本的物质满足，却付出了灵魂中的某些可能成就我们的珍贵品质；我们一时占到的便宜，也许将来会以更大的代价去偿还。

真正健康的心灵，一定是懂得满足自己，然后他们才能惠及他人。最好的富养，是先富养自己，再关怀别人。

这种满足，肯定不会只消耗免费的资源。但我们应该明白，只有满足了我们自己的合理需求后，那些压抑在我们心灵深处的怨气才能消散，我们自身孤独的灵魂才会被安放好，漫长的人生之旅中才能找到被抚慰的平静。

拒绝免费是一场内心的修行。很多人都说，我们在与生活的斗争中，必须学会克服自己的贪欲，戒除不劳而获的念头。但过度追求免费的东西，就是一种深度的占便宜心理，是渴望不劳而获的变形。

摆脱固化思维的过程，其实是摆脱我们曾经经济匮乏时形成的"我很廉价"的认知。是我们通过个人努力慢慢地从各方面强大自己，积攒必要的物质基础，形成自己的资源，建立自我保护的屏障。这样，我们就能看穿那些包装精美的"免费"陷阱，从灵魂里释放出那个曾经被自卑压得喘不过气来的自己，从心底透出从容、优雅和自信，获得全新的生活体验。

第二章

命运只会给主动出击的人让路

命运只会为勇敢的人让路

1

  电视剧《欢乐颂》热播时，剧中塑造的那个古灵精怪、热情大胆的人物曲筱绡，成为影迷们讨论的热门话题。网友们评价她和赵医生的爱情时，都会为暗恋赵医生的关雎尔唏嘘不已，很多网友都说，像关关这样遵循社会规范和淑女标准长大的乖乖女，在爱情竞赛里，怎么会是小曲的对手呢？虽然小曲在很多人眼中不算世俗标准上的好女人，但是她身上有种主动出击的热情和勇敢，这种勇敢的劲头令她的生命活力四射，散发着让异性难以抵挡的魅力。

  在一篇分析邓文迪和王菲的文章里，作者陈述了一个和影迷评价曲筱绡差不多的观点，那就是勇敢这项品质对于人成就自我的重要性。作者说，邓文迪是那种目的性很强的人，在她不太懂英语语法和句式的时候，她就敢大胆用英语进行自我表达，因为她清楚自己说话的目的是为了清晰地传达观点，说错了没什么好怕的，只要对方能理解就行，所以，她根本就不拘泥于表达方式。

而对王菲，作者是这样评价的：她得到了很多人想要的生活，因为她一直都在勇敢清醒地做自己。有时候，低调隐忍并不能换来真正的自由，剑走偏锋才会。

事实上也是如此，不管是在爱情、事业还是人生抉择上，只有勇敢的人才能得到自己想要的。

2

一个在外贸行业做销售的师兄讲过自己的创业故事。

师兄学历并不高，在他们那个时代，读一个师范类的高中，在学校里学点基础英语，就算是学外语的全部了。毕业后，他去沿海城市找工作，为了赚钱，白天上班，晚上摆地摊。他一边卖货，一边往上游供应商的方向慢慢发展，熟悉了一些工厂拿货的渠道后，就开始做批发供应。

因为地处沿海的区位优势，他们的摊位经常会有外国人光顾。师兄凭借高中那一点微薄的英语底子，能听懂一些基础的英语会话。他最大的优点就是胆子大，敢于在别的商贩都一脸茫然时，凭借着几百个单词基础就开口和外国客户对话，用他的话说，就是一个单词一个单词地往外蹦，完全不讲任何语法。甚至很多时候他需要手脚并用才能让外国客户明白自己的意思。

某天晚上，一个外国客户和他约定第二天去工厂拿货，他为了把这个单子做成，连夜用字典查了需要和客户沟通的信息关键词，并把它们一一列在纸上，方便第二天和客户沟通时使用。

幸运的是，这个外国客户通过他这种"原始"的表达方式，居然理解了他要表达的意思，和他达成了供货协议。他自己也在工作需求的压力下，努力利用空闲时间学英语。后来，他靠沿海的外贸机遇，慢慢地发展了一家自己的公司。

我认识他的时候，他已经能读懂英文原版的《圣经》了，在和外国客户交谈时，客户最常问他的一句话就是："你是从哪个国家留学回来的？"

他告诉我，很多人都说，机遇属于准备好的人。但其实要抓住机遇，更多是需要人有一种不怕试错的勇敢。在摆地摊时，他主动招呼外国客户的最坏结果，无非就是自己词不达意，客户无法理解他的意思，但这个结果除了损点面子，完全是个可以被忽视的小问题。客户的本质需求是达成交易，而不是考校他的英语水平。他说，那时候和他一起摆地摊的人里，有很多人和他一样，都是刚到沿海地区找工作的学生，但他们中有很多人，因为摆脱不了固化思维，会本能地害怕自己在说英语的时候出错，所以连开口拉客的勇气都没有，更别提向外国客户介绍产品了。

书本教育里，告诉我们机会是留给有准备的人的。可是准备是一个漫长的过程，而机遇常常转瞬即逝。

这个做销售的师兄，能抓住机遇其实就在于他的勇敢，这种勇敢为他换来了第一桶金，也叩开了他从事对外贸易的大门。此后的一切，就像是一个良性的连锁反应，在对成功的渴望、学以致用这两个前提条件驱动下，他自然而然地有了极大的学习热情，他的生命也因此而注入了新的活力。

3

我曾经在视频里，看过一个关于勇敢追梦想的故事。视频里讲了一个非常喜欢音乐的姑娘，为了追寻自己的音乐梦想，决绝地切断了自己所有的退路。为了学音乐，她几年都没买过新衣服和化妆品，每周打三份工。在采访中，她告诉记者，她很庆幸自己的勇敢。选择做自己喜欢做的事，才能感受到那种不负此生的满足。有了这样的认知，即使物质条件贫乏，也能体验到心灵中的幸福。

说这些话的时候，她的脸上始终荡漾着笑容，没有半点儿在生活重压下的愤怒和焦虑。

她的唱片后来被全国排名第二的大公司签约，她的巡回演唱会也受到了粉丝们的热捧。别人问她成功的秘诀时，她说，这个世界真正的美好，永远属于那些纯粹而勇敢的灵魂。挣脱实用主义中那种"追求稳定"的世俗标准，把自己的生命完全融入自己喜欢的事情当中时，从而收获到了灵魂的安宁，这样的安宁能感染你的听众。

真正的勇者，大都有一种不怕热情被消耗的勇气，有一种敢于为梦想破釜沉舟的决绝，有一种把自己的生命和灵魂完全融入某件事物里的魄力。

4

最近这几年，有些留学归来的同学告诉我，我们被学校和家庭教育出来的处处与人为善的固化思维，有时候实在是害人不浅。在国外学习生活时，千万不能唯唯诺诺，一定要勇敢地表达自己的观点，标明自己的界限，这样反而更能收获别人的尊重。

是的，与人为善的习惯，是为了尽可能地追求那种安全感。这样的思维模式虽然表面上看起来不错，但是仔细想想，却不太符合这个世界的基本规则。无论是爱情、职场还是人生，优势资源都是有限的，我们常常要处于和他人或明或暗的竞争关系中，跟所有人趋同，最终只能获得一种安全的平庸。而勇于承担未知风险，或许能开辟出与众不同的道路。

我看过一篇报道，报道里说，真正改造这个世界的，其实是那些年轻人。如果你从整体上统计整个人类史上做出贡献的名人，你会发现他们中间的大部分人都是在二十几岁时就完成了一生中最重要的成果，因为人只有在年轻的时候，才会有不怕出错，大胆探索和锐意进取的勇气。

有一篇分析亚瑟王和西方文化的论文中曾提到，西方文化的标准里，勇敢是一个领导者最可贵也最应该具备的品质，整个西方贵族文化气质，都是基于勇敢这个品质衍生的，正是这种不惧未知的勇敢精神，驱动他们开拓出了现代文明。

我想，或许通常意义上认为的固化思维里的问题之一，就是他们一直都是在被动地承受别人总结出来的教条，而尚未靠自己亲历或实践。所以，他们需要勇敢。当一个群体中的大多数人都趋于保守的时候，勇敢就是一种美德。其实，相对于怎么做而言，敢不敢去尝试，才是我们第一个要解决的问题。

大胆去做吧，命运从来都只会为勇敢的人让路。

走得很难就对了，因为只有向上的路才这么难

1

社交网站上一直有一个长盛不衰的励志型问题：你最努力的时候到底有多拼？

有一个人在这个问题下讲述了自己的人生经历：他上大学前的人生都是一帆风顺的，毕业后找的工作也还不错，但因一次意外车祸，他失去了一条腿。这样一来，他原来的工作就无法继续做下去了。他并没有因此而意志消沉，痛定思痛之后，他接受了自己只能在现有的条件下面对未来艰难人生的事实。为了生存下去，他报了一个编程课，夜以继日地努力学习编程技术，仅用了几年时间，就学会了好几种编程语言，找到了一

份可以坐着上班的工作。

　　他说，在刚知道自己即将面临终生残疾的事实时，他也埋怨过命运。可是不管怎么埋怨，痛苦还是痛苦，无法改变。与其如此，还不如接受事实。他发现，当他开始主动积极地去解决困难时，内心就没那么痛苦了。克服了最初的艰难，他找到的新工作居然比前工作发展前景更好，资薪更高。他本人在这段努力向上的过程里，也渐渐重拾了信心，不但克服了残疾对自己的影响，还有了被生活洗练后的从容豁达。

　　他说，熬过刚受伤后的那一段心情低落、崎岖艰难的时期后，他觉得自己的人生底蕴比以前更丰富了。

2

　　他的故事，让我想起我曾经看过的一部很感人的电影，一个已经老去的乒乓球爱好者，为了圆自己的乒乓球梦，把打球的希望全部寄托在女儿身上，希望用女儿的成功来弥补自己在乒乓球上的遗憾。但女儿一直和她对抗，告诉她自己并不喜欢打球，甚至把她想象成逼迫自己打球的大魔王。她去世之后，女儿很快退出了乒乓球界，成了一名普通的白领。可是她女儿除了会打乒乓球，别的方面也不太行，只能做一些低端的杂活。在经历了一系列情感上的变故后，女儿逐渐明白，原来自己所谓的不喜欢打球并非是真的不喜欢，而是和很多浑浑噩噩活着的人一样，她是根本就不知道自己到底喜欢什么。很多人讨厌一件事的原因，是因为自己做不好才讨厌它。她越逃避训练的痛苦，打球的梦魇就越在她的生活中如影随形。这其实是一种隐喻，这个隐喻告诉我们，人只有主动克服自己畏惧的东西，才能获得成长。对她而言，唯一的出路就是把乒乓球练好，她的生活才会好。

接受了这一点后，她开始主动练习乒乓球。她克服了心理障碍，主动开始去做这件以前令她感到痛苦万分的事情。心态一变，她人生中的很多事情突然一下就豁然开朗了：曾经放弃自己的恋人开始回心转意，曾经门可罗雀的俱乐部中的学员也日益增多。

其实，这部电影中女主角对打球的逃避，就像我们在学生时代的偏科一样，大都爱用"不感兴趣""太难"来形容自己做不好的那些事。但他们其实并没有真正深入思考过，自己到底是因为这件事太困难做不好而没兴趣，还是因为尝试过后，自己真正做不了而没兴趣呢？

当“佛系”（网络流行语，通常用作形容一种生活态度，有可以、都行、随便的意思）“随遇而安”被越来越多的年轻人提及时，很多人打着此类旗号，在本该奋发向上的年龄里逃避面对自己应该承担的责任。其实，不是每个人口中的佛系，都是真心的。那些内心追求少的人，他们的佛系也许是真正的佛系；而那些欲望和付出不匹配的人，所谓的佛系很可能只是因为想放弃那条难走的、向上的道路。

很多人在年轻时都没能意识到这一点：一个人必须承担的命运是无法逃避的，痛苦从来不会因为我们的怯懦而放过我们。

一开始就选择逃避那些本该面对的艰难，人生路会走得更难。因为越放纵自己，就越会甘于自我放纵。欲望对心智的消耗，就会在这种放纵中加速，一旦我们习惯对软弱的自己不断妥协，就真的有可能碌碌无为地度过我们这一生。

3

我一直觉得，命运就是个欺软怕硬的设定，只要我们主动一点儿，就能把它踩在脚下。

事实上，和电影的女主角一样，那些看起来越难的，就越是需要我们去超越的。

如果我们没有行动的决心，即使我们在脑海深处上演再多感动自己的内心戏，也无法撼动平庸的根基。

很多超越了命运设定的人，都显得挺傻，挺一根筋的。他们都选择了庸人眼中看起来不可能的挑战。因为主动把命运踩在脚下的前提，需要的正是这无所畏惧、坚定不移的傻气。

真正追随梦想的声音，不容置疑。

真正的励志，就是努力和拼搏，就是反舒适，就是为了活得有尊严而付出自己的努力与汗水。只有越过那些打不倒我们的痛苦，我们才会把握住那种令自己内心踏实的坚实质地。

那些能主动战胜自己人生惰性、恐惧、畏难情绪，甚至超越自己困境的人，才有资格过上更好的生活。

史铁生在《我与地坛》中曾经这样写道：命定的局限尽可永在，不屈的挑战却不可须臾或缺。

其实，包括我自己在内的很多人，在学生时代是借助外力的约束努力学习，一旦到了可放松的环境下，就容易迷失自我，为自己的不自律找借口。没考上好大学，怨自己不是北京人；没有找到好工作，怨自己没有有权有势可以安排工作的家庭背景；面临需要走上坡路的困境，思维中的第一反应是命中注定论，似乎现有的一切困境皆由命运造成。

只有我们真正想去超越自己预设的"不可能"时，我们才会知道，即使改变不了某些注定的现实，但我们为了战胜困难付出的努力不会白费，它会长成我们的气质，融入我们的血肉。即使我们超越不了阶层，但是把自己经营成不靠外力辅助的发光体，至少可以让我们活得更有品质。

努力过的人生才有厚重。美好、强大、宁静、仁慈这些词的深处，暗藏着战胜残酷后的沉淀。

一个能融入这些词汇的人，即使在寻梦的过程中偶尔触礁，也不会被一时的挫折打垮，而是积极去寻求出路。

因为他们相信，只有向上的路才会走得如此艰难，在这条路上不会有太多同行者，只有极少数人，才能在上坡路上逆风而行，加速奋斗，坚持丰富和完善自己。

有个厉害的好莱坞编剧曾说，所谓的反派，其实就是那些不能改变自己，拒绝向上走的人。他们拥有固化的思维模式，在命运为难自己的时候只能把痛苦转嫁给比自己更弱小的人，缺乏主角那种能爬起来跨过困难和改变自我的勇气。

不要害怕难走的路。那些打不垮我们的，一定能使我们更强大。所谓艰难岁月，不过是上天馈赠给我们的洗礼，点燃我们激情的催化剂。

努力向上，是无数故事的发端，也是我们爱过、活过、战斗过的证明。

以为听话就能一劳永逸？相信你就惨了

1

前几年，一个在外企上班上得好好的朋友，忽然向公司提出要离职。

问她原因，她不太好意思地说："我爸妈说我年纪大了，总在外面飘着也不是办法，还是回家考个公务员或是进个事业单位才稳妥。"

我很诧异她的决定，她在外企做着管理，怎么能算是"飘着"呢？要知道，当初为了拿到这个公司的offer，她付出了艰辛的努力，为了挤掉那些同期应聘的竞争者，她都差点儿得抑郁症了。没想到好不容易适应了现在这家公司的工作环境，她竟然又提出要辞职。

她告诉我说，她父母说，不管她在外面工资多高，都找不到真正的"稳定"。

我问她，你自己怎么想？

她说，觉得自己以前一直是个乖乖女，从读书到找工作，都是在父母的指导下进行的，她父母说了，这次要是她不听他们的话，就不管她了。没有父母作为自己人生的后盾的话，那该多可怕？父母警告她，若她真的执意留在大城市的外企里，以后的人生如果发生了未知的意外，也别想让他们帮忙。

我问她，如果你听了他们的话，那你的未来就没有风险了吗？

她说，我不知道，但如果真按他们说的做，不管将来会怎样，他们也总不至于不管我吧。小地方的工资少点儿就少点儿，起码安定一些。

她的话让我想起了她当初高考填报志愿、选择专业和学校时的情景，虽然这两样她选得中规中矩，但全都是从父母辈考虑问题的角度出发的，一切为了稳定。她在这些事上，没有任何自主决定的成分，顺从得简直不像是这个年代的年轻人。

她说，其实她当初努力争取现在工作的原因，也是因为父母告诉她，研究生毕业了，该历练历练了，要找个像样的企业才能增加人生阅历。她做到了，父母很满意，她也就因此有了某种莫名的安全感。

听完她的解释，我忽然明白，她的人生，就是一个被父母设定好的程序，不管生理年龄处在哪个阶段，她内心深处始终都还是个孩子，在别人的指挥棒下行动才会觉得安全。即使她已经是一个社会人，但她的思维模式，依然是当初的固化思维。

她不能自主地判断一件事她到底应不应该去做，而是把抉择权交给了父母，只因为这样会让她从潜意识里觉得安全。

她现在的生活虽然表面看起来和大多数人没有差别，但这种思维模式的本质，是为了逃避做自由选择背后的第一责任人。她的心灵能力匹配不了她的年龄。因为一个人若无法承担自由选择的责任，所有的行为都是"听话"的产物，潜意识都是期待别人去承担自己生活责任的。他们希望所有的人生风浪，首先由父母来为自己买单。

2

其实，有这类思维模式的人并不少。记得我以前的公司，有个姑娘来求职，面试时居然还带着自己的父母，公司的人事主管问她有什么技能，她父母抢着帮她答：我家姑娘平时在家里就非常听话，在这里也会按照领导的安排做好每一件事的。

这姑娘入职后，听话倒是听话，可是工作上没有半点儿主观能动性，凡是需要她拿主意的地方，只要别人不主动问她，她几乎就能把这项工作进度拖延到地老天荒。

有一次，大约是她这种特性终于把部门领导搞烦了，领导不得已找她谈了一次话。她在办公室带着哭腔和领导诉苦，要不你下次还是安排我做那些不用动脑子的工作吧！我又不想在职场上有什么发展，只想做个执行者，安安心心地混点儿工资，能养活自己就行了。

我想，她的潜台词大概是这样——自己拿主意的决定，充满了风险，不仅需要动脑子，还需要负责任，在工作中，我只要听话就行了，你为什么还要对我要求那么多？

我想，她或许和我朋友一样，在大脑中自动设定了这样的程序——我要按照别人的指挥做事，把自己要承担的人生风险降到最低。

可惜的是，这两个故事的结局都很悲伤。

在我们公司上班的那个姑娘，勉强过了实习期，就被人事主管劝退了。用人事主管的话说，这个姑娘的部门领导指示了，公司不需要听话的"机器"，而需要能发挥主观效能的"人"。

我朋友回老家后，按父母设定的人生程序，考进了当地的一家事业单位。家里为她安排了一个门当户对的婚姻。婚后一年小孩出生，男方却是该打麻将时打麻将，该喝酒时喝酒，带孩子、教育孩子都不关他什么事。这样的次数多了，两人自然会经常吵架，后面吵架升级成打架，再由打架发展到闹离婚，但因为他们夫妻双方都已经被体制内的工作和房子绑定了人生，在生活的压力下，这个婚也离不了，最终两人只能在彼此的拉锯战里，耗完了对生活的期待和热情。

几年后再见到她时，憔悴得都让人无法辨认，很难把现在的她同当时在外企上班的那个精致优雅的白领联系在一起。她告诉我，她现在才知道，父母能力有限，虽然承诺要帮她，但是却无法解决她所有的问题。她虽然很后悔当初选择了听父母的话回到小城市，可人生不能重来。

3

没有自己思考的人，是最悲哀的。他们看起来很努力，私底下却在糊弄生活。他们明明可以拥有更广阔的天地，却因为选择把人生依附在别人的认知上截断了自己的道路。

在漫长的学生生涯里，那些从四面八方向我们涌来的德育信息，最后都会汇聚成一句话——"要听话"。很多人习惯了听老师的话，听父母的话，按他们给出的标准生活。但成年后，我们是独立的个体，再持续这种状态就错了。学校、家庭对我们而言，是一个相对稳定的环境，而当我们踏入社会后会发现，不管是生活，还是这个世界，都充满了不确定性，随时都会变化。

是的，任何人都无法预测未来会发生什么。不管是父母、老师还是领导，不管他们对我们是热情关切还是冷眼旁观，他们基于自己生活的时代、环境总结出的经验，给出的建议，只能作为参考，永远也无法完全移植到我们当下所处的环境和时代里。

亲爱的，你要相信，每个个体都是独特的存在。我们都有自己该有的方向，不是别人的仿制品。真正的智慧，需要秉承着怀疑精神，真正的长大，是能接受命运的不确定性，真正的看透，是明白人生永远没有一劳永逸的可能性。

独立的前提，首先就是要有独立思考和独立判断的能力。

　　这个世界真正的一劳永逸，是在没有人可以依赖的前提下，也有勇气面对未知的艰难，并在两难的困境靠自己判断，去选择出那条我们该走的路。

催人自我提高的原动力，
是根植于灵魂深处的热爱

1

以前上班的文化公司里，有个同事叫小程，大家给她取了一个外号叫"不是我姑娘"。这个外号的起因是她在日常工作中说得最多的一句话就是"不是我"。

她所在的部门里，每次出现了什么工作失误，不管大小，也不管公司追责与否，当领导询问失误原因时，她脱口而出的第一句话就是"这件事不是我干的，跟我无关"。

她是一个看起来行事非常有原则的员工。对她来说，虽然我们公司的工作和她所学的专业对口，但是她也绝不会多花一分业余的时间在这项工作上，更别提为了工作提升专业技能了。用她的话讲，公司并没有多给她一分钱的工资，她只要做了该做的事情就行了。

有一次，小程的某个请求被公司拒绝了，她去找拒绝她的部门负责人辩论，要向对方当面验实她的攻击力和才干。她在电话里的语气极为不善，话语还算文明，但腔势很像骂街。她说她一定要赢。最后她也赢了。

她告诉我们，绝不能吃亏，绝不能让步，绝不能牺牲自己，据说这是强者的要素。

反观同一个部门的小令，平时看起来傻傻的，但工作时却异常认真，从不偷懒。她学历不高，唯一的优势就是做自己喜欢的事时有一种不计代价的热情。公司是做文化产业的，她告诉我们，能做这份工作她特别开心。我们也能感受到她的这份工作热情，因为除了上班时间外，小令下班、周末都在看书。就连偶尔休息，浏览网页的时间也在阅览和文化产品有关的各类文章。别人提过的知识，若是她没听过但是感兴趣的东西，她一定会老老实实地去把一本厚厚的书一页一页地读完。

除此之外，她还会主动去给公司各个部门的同事帮忙，有时帮忙的过程中不小心出了差错，领导批评她她也不辩驳，倒是同事自己觉得不好意思，主动来安慰她时，她才会笑着说，没关系，挨顿批评能学到自己想学的东西，提升自己的能力，比什么都强。

某一次，她们一起争取一个国外项目的产品方案时，有学历、有原则、有手段的小程却败给了小令。后来项目方告诉我们原因，小令对她做的东西投入了极大的热情，这种热情是从她每个毛孔里渗出的，有感染别人的能力，所以他们相信小令会在这条路上不停地走下去。而小程，只是在用商业尺度上的所谓好的标准打造自己的方案，这样是做不成真正的好东西的，因为她对待这份事业，用的是策略，而不是发自心底的热爱。

2

小程和小令的事，让我联想到一个老朋友珊珊。

她在创业之初，只是她们公司的一个小股东，公司好几次面临灭顶之灾时，都是她主动把责任揽在自己身上，顶住了压力。公司没有资金了，她不计代价，拿自己的钱继续投入；产品没有销路了，她主动跑了一家又一家下游公司去推销产品；

品牌技术落后了，她天天联系相关院校，托各种关系聘请技术人才。

　　大约是天道酬勤，几次试错之后，公司终于开辟出了一条受消费者欢迎的产品生产线。可我发现，即使公司盈利，她仍然是又当老板又当员工，常常一碗豆腐白菜就对付了两顿正餐。我从来没听她说过："这件事不归我管，你找别人帮你看看吧。"凡力所能及之处，她总是身先士卒。

　　更重要的一点是，虽然忙得脚不沾地，又出钱又出力，但我居然在她身上从没有感觉到怨气。问她原因，她说，因为做事本身能够带给她很大的快乐，她不是为了钱而是为了兴趣和爱好在做事，所以她自然也不会有那么多烦恼了。

　　珊珊的行事风格，常常让我想起了一个要拉我入伙创业的前同事。当时我委婉地拒绝了他，因为一起在公司上班的时候，他就不太有承担风险的勇气、主动为工作付出的热情，更遑论创业每天都要面临的各种烦琐程序。

　　他身上缺乏对事业的热情，只有渴望一夜暴富的野心。

3

这几个人的境遇，让我想起了一句越来越少被人提起的俗语，即"失败是成功之母"，以前有很多人告诉过我们，不要害怕失败，因为只要尝试过，就能相对获得一些经验。可从那些真正对自己的兴趣爱好热情投入的人身上我明白了一个道理，对有些人而言，成功是必然的。

很多时候，所谓的"精英"教育，无非是让我们做一个精致的利己主义者，若是没有清晰可见的经济价值，就不要去投入一件事。人与人之间的交往，是利益的博弈，需要有一种清晰可见的互利远景。

其实，这是把生活简化后的粗暴认知。这个认知最大的问题，就是只看到表象而忽略事物之间的内在因果。一入职就想着创业当老板，见了客户就想拉人脉创业，一下基层就想着被破格提拔，还没有脚踏实地就想着要一本万利。

这其实是一种典型的把目的和路径混淆的做法。要实现真正的成功，我们首先要热爱一件事，我们做好了它之后，才有可能给我们带来意想不到的金钱和财富。

明白了这个顺序的人，不仅必然会成功，还能一直成功下去。

　　我一直觉得，人生是个完整的过程，每个自我成长的人的思维和看法，都是分阶段的。摆脱表象认知和固化思维的关键，是基于对社会规则的深度理解来规划自己的发展。这个时代的成功，应该是一个人不断努力后形成了一套完整的进阶体系，而不只是某个单点的偶然因素。所以，我们需要持续为自己所做的事情投入热情、精力和时间。

　　真正的热爱是不计代价的，要投入大量的时间，还要敢于承担努力之后有可能会输的后果。只有这样才能把刻意的努力变成根植于内心深处的日常。

　　很多人心里都知道要自律，可是他们无法长时间、持续地为这件事投入热情，鞭策自己要在这件事上不停努力，因为他们对自己所做的事情并不认同，也不是发自心底的热爱它。

　　对工作有兴趣的人做好这件事的概率远胜过那些只把工作当工作的人。

　　为了挣钱而挣钱，为了做一件事而做一件事，结局多是悲剧。

4

有人说，其实中国的家长最应该告诉孩子的不是让他们赢，而是让他们热爱。爱一件事的重要表现，是即使知道自己会输，也绝不能因此而停止努力。努力把事情做好的心态，必须根植于内心深处的热爱，这样才不会变成三分钟热度。所以，我们每个人首先应该培养的，是我们对某件事的热情。

曾经有个人请李安鼓励一下当下那些喜欢电影，准备从事导演行业的年轻人。没想到一向温和的李安严肃地说，如果一个人真的深爱这个事业，他不会需要别人的鼓励才能把自己的梦想坚持下去。如果没有这种热爱，那这个人还是趁早改行，因为他如果有这样的想法，就无法成为一个好导演。

那种渴望一步抵达成功的人，它们爱的只是功成名就的结果。他们把这个结果混淆成了自己对这件事的兴趣。渴望省略掉成功的过程和付出热情的成本，希望用1%换取100%，想把十年完成的事情用十个月完成的人，因为缺乏热爱，才不认为过程是快乐。

所有的半途而废，都因为他们爱的不是事件本身，而是附着其上的名利。有一句话叫"不疯魔，不成活"，因为很多事情，只有爱到疯狂的人才能做成。不计代价、不问前程的投入和付出，才能最大限度地成就一个人。也许，在这个时代，最好的领跑者，都曾经体悟过这种"疯魔"追梦的快乐，而挣钱往往只是他们在投入自己爱好时所带来的副产品。

所谓创造力，是眼里永远都能看到新东西

1

在一次聚会中，朋友阿明抛出了这样一个话题：这个时代的牛人太多了，那么多值得做的事情都已被人做尽，我还可以做些什么呢？

大家你一言我一语地讨论起来。

沐沐说："如果能回到1995年就好了，那我一定会在北京、上海、广州先屯几套房子，现在可以每天躺着收房租。"

小斌说："如果能回到2004年就好了，我一定要率先攻占淘宝，那我现在肯定成为天猫的某个品牌商家了。"

阿芬说："如果能回到2015年就好了，我可以在自媒体崛

起之前抢先抓住微信公众号的风口，成为一名公众号新锐作者，现在接广告接到手软。"

聚会结束后，我在家里回味着这个话题，心想，大约很多人都做过这样的"白日梦"，预先知道什么东西未来会成为"风口"，然后跟着这个时代创新的风口成为那只飞起来的"猪"。的确，这些事如果只看表面，确实是先到者赚得盆满钵满，后来者只能感慨时运不济。

记得一个2016年才入行成为公众号从业者的朋友告诉我，不管他怎么做，写什么样的文章，粉丝量都始终是原地踏步。他懊恼自己错过了公众号的黄金期，错过了赚一个亿的时机。

我告诉他，你仔细去公众号排行榜上看的话，你会发现，有很多热门公众号也都是2016年才开始创业，2017年才慢慢崛起的。由此可见，能不能抢在"风口"上做这件事，并不是粉丝增长的唯一因素。比如有个写情感文章的公众号主创，同样是找热点，她每次找到的切入点都比别人更打动人心，词汇逻辑都比别人更通顺，插图都比别人更精美，语言叙述风格比很多公众号更亲切；比如某个做短视频的公众号主创，他的脚本更好，场景、人物、配乐都比同类型的短视频更精美，更上档次。

可见，能不能把一件事做好，固然有时代潮流的原因，但也有自己能力的因素。

这两个公众号主创，其实年龄都不算小了。但看他们在平台上展示出来的策划内容的语言风格、文章配图时，完全感觉不到他们和现在的"90后""00后"有什么代沟。

他们很善于从那些流行的元素中吸取营养，帮年轻人发现他们自己内心渴望但又说不出来的东西。

我想，这应该就是他们一直富于创造力的根本原因。

2

我认识一个五十多岁的大姐，她在行业领域里是一名非常成功的产品经理。我平日里和她接触比较多，日常互动中，她令我印象最深的一点，就是特别善于听取别人的意见。

尤其是那些比她小的、年轻的、和这个世界一起成长并融入得更好的那些人。

年轻人喜欢的，她会主动去了解；潮流前线的，她会认真向内部人员咨询；流行的APP刚出来，她就下载下来仔细研究。

在面对这个世界的时候，她的思想始终都呈现出开放的状态。她就像一块海绵，随时随地都能吸取新东西，每一次谈话都能从别人的观点里发现新大陆。

　　所以，看到市场上爆出她负责的产品线中的某一款产品大卖的时候，听到同行里面有人夸奖她思路开阔的时候，我都会觉得这是她应得的，因为能像她这样做到不固化自己认知体系，随时随地都在更新自己思维的人，实在是太少了。

　　更多的人，都像我那个发朋友圈的朋友，把自己拘囿在固定的认知体系里，偶尔感叹自己"知不逢时"、没有先见之明，而无法从现有的世界里看到新的闪光点。

　　记得有个师妹大四毕业找工作的时候，把简历投到了一家文案创意的单位。当时招聘单位的主创是一个刚从管理岗跳槽出来自主创业的中年男人，说话拿腔作调，面试那些来求职的年轻人时，一副横挑鼻子竖挑眼的样子，似乎除了自己之外的任何人他都看不上。

　　面试时，师妹提交了自己精心制作的一个视频策划方案，他草草翻看了几页后便将这份策划案从头到脚否决了。

　　师妹怏怏地回到学校，没想到没过几天，那个主创忽然又打电话给她，通知她去实习。

　　师妹去后才知道，她得到这个机会，是因为那个主创从心底认为那些年龄比他小的人认知都是幼稚的、不值一提的，所以挑来挑去，公司接到业务了，很多岗位上还是没有招到人，无奈之下他只能退而求其次，从原来的几份简历里重新挑选那些看起来比较好说话的实习生。

师妹告诉我说，她拒绝了那次实习机会。

拒绝的原因不是因为他否决自己的策划案。而是这个主创加了她微信后，她无意中看见对方发的一条朋友圈消息，消息的内容大致是：有些年轻的大学生，都不知道现在的就业形势多严峻，就敢在我面前夸夸其谈，每次当他们和我谈自己的创意时，我都会回他们一个大大的微笑，告诉他们以后我会给他们打电话的。但实际上我永远也不会打这个电话，我认为以他们的水平而言，只能去旁边的打印社。

师妹说，这个主创从内心就已经否定了除他自己以外的所有年轻人的思路，一个不能从年轻人的身上看到商业价值的公司，她不想去。

师妹对这个老板的评价，让我想起了罗曼·罗兰的经典句子：大部分人在二三十岁时就死去了，因为过了这个年龄，他们只是自己的影子，此后的余生都是在模仿自己中度过，日复一日，更机械、更装腔作势地重复他们在有生之年的所作所为、所思所想、所爱所恨。

3

这个世界上很多人的活力，或是说创造力，其实都是被自己主动扼杀掉的。

事实上，比警惕失败更重要的是警惕成功。若一个人失败了，至少他还会反思；但一个人总是成功，他就会认为自己没有什么需要学习的。

思维被禁锢在过去的经验里，是无法适应这个时代发展的固化思维。因为我们在学校里，学到的都是过去知识，形成的是一种跟随他人节奏，被别人牵着走的思维惯性。

有很多人，谈恋爱的时候总是栽在同一类型的渣男身上，换工作的时候常常发现自己总会犯同样的错误，因为他们局限在自己过去的经验里，拒绝认识新事物。更甚者，就像招聘我师妹的那个老板一样，张口就是我们那个时代怎么辉煌，现在的年轻人怎么样无知云云。

其实，说出这些话的人，常常都是故步自封者。真正清醒的人都应该明白一点：世界真正的真相是永远向前发展，后来者从整体上而言，从来都是创新速度更快，适应速度也更胜前人的。

人与人之间的竞赛，比的就是知识的迭代速度。

有时候，哪怕我们从思维里认为自己是谦逊的，善于向别人学习的，可是实际行动上还是放不下自己的自尊心和固有认知。创造性思维，需要善于聆听，善于自省，善于迭代自己的知识体系。

你会发现，越固执的人往往认知层面越低。高情商的人，很早就知道人生是一个流动状态。藐视新事物，封闭思维，知识体系无法迭代，很难呈现出流动的生命状态，无法获得真正的成长。这些人注定只能被比他们更优秀、更开放的人淘汰掉。

一位商界前辈曾说，他成功的最大原因就是他眼中的这个世界永远都充满了新鲜感，永远都能让他看到新东西。所以他每一天都带着好奇和求知欲去认识这个世界。

世界其实就是如此，一直都在奖励那些能保持活跃思维，永远能看到新事物的人。

没赶上房价时代的人里，有人赶上了淘宝。

没赶上淘宝的人里，有人找到了自媒体。

创新有时候其实就是个障眼法，世界和人性都已足够丰富，有无限可能。有时候只需要改变一下我们思考问题的角度，就能看到不一样的事物。不给自己的思维设限，不蒙蔽自己的双眼，这世界就永远有新鲜、有趣的惊喜等着我们去发现。

知道什么时候该干什么的人，人生才会顺

1

这几年很流行称呼那些人生赢家们为"别人家的孩子"。

你会发现，有一种别人家的孩子，不仅从小到大成绩好，在其他很多事情上也干得同样好。

如果一个人在学校就是学霸，你会发现他出了社会，有更大概率会成为人生赢家。

比如我的某个闺蜜，求学时是乖乖女，属于那种家里只用给钱不用操心的好学生，曾经一度被家长担心她到底会不会娱乐活动。没想到恋爱结婚后，她把自己的生活经营得有声有色，假期和老公一起去欧洲滑雪旅游，周末去学厨艺、手工、造型，

抽空学育儿知识，业余还写了两本书。

跟她见面时，我笑着开玩笑说："以前不知道，现在才发现你的内心世界居然这么丰富，那时候大家还以为你只会念书呢。"

她也笑着回答我说："其实我读书的时候就有很多爱好，但因为人生每个阶段都有每个阶段的重点，所以那时候需要把自己在某些方面的热情储藏起来，在适当的时候再释放。"

这是一种清醒的美德。我不吝于把赞美送给那些知道如何把控自己人生，知道自己为什么而活的人。

一个真正双商高的人，无论什么时候都能清醒地意识到自己到底要什么。

2

我有个朋友，向我讲述过她在日本读硕士时的经历。那时她的很多同学都有一种花家里钱的道德负罪感，上学期间四处勤工俭学，只有她咬牙坚持努力学习，并且告诉她的同学说，既然花了这么多钱出国留学，那最重要的事就是学到专业上的东西，而不是把生活重点放在打工赚生活费来弥补情感道德上。

她说，如果真的缺钱到那个份上，还不如不出来留学，国内一样可以找到和自己学习需求及经济水平相匹配的学校。

她的很多同学都说她这是为自己的冷漠找借口。到她毕业真正找工作时，她的很多女同学都想着随便找个什么工作就行，反正过几年也要结婚，只要能养活自己就好。只有她顶住了日企里高强度的工作压力，玩命工作了几年，活成了别人口中的女强人。

事业的成功让她在结婚时有了从容的挑选余地，一点儿也没有大龄剩女的紧迫感。用她自己的话来说，对人生有规划，会获得想要的掌控感，这样就不会有焦虑感带来的愁容惨淡。

他俩的经历让我想起了电影《教父》里的一句话：一个人，第一步要实现自我价值，第二步要全力照顾好家人，第三步要尽力帮助善良的人，第四步为族群发声，第五步为国家争荣誉。那些随意颠倒次序的人，一般是不值得信任的。

3

网上"如何把一手好牌打烂"的标题下面，有人写过一个回复：她有一个长得很漂亮的女同学，念高中的时候就开始谈恋爱，挥霍美貌，享受被人宠爱的感觉，美其名曰率性而为、享受人生，后因风评太坏而被学校开除，没读完高中就辍学了。几年后，当她留学回国时，看见对方形容枯槁地抱着孩子站在门口和老公对骂，没有半点儿当年青春靓丽的影子。

那个漂亮的女同学挥霍过的青春，用更残酷的方式还击了她。

在那一刻她明白了，很多励志金句说的那些从容和淡定，需要强大的经济基础和智慧基础做保障。所谓的智慧基础就是知道自己什么时候该做什么，而一个人只要遵守生活的基本规则，经济基础不会差到哪里去。

我曾经在网上认识过一个人，他沉迷于网络小说十多年，看到别人写的东西，总觉得月入过万对自己而言也是分分钟的事情，写了几年网络小说的开头后从无完本，篇篇都是半途而废，三十多岁了也没有正经工作过，连基本的生活也无法保障，每天都在游离的状态中虚耗着。

其实，很多青春期里的人，都有过这样的经历。生活中本就充满五光十色的诱惑，以一个忧郁的借口，心安理得地纵容和原谅自己的堕落。

4

　　我一直觉得，人需要有克制自己的智慧。在年富力强的年龄里，完成那些必须要去完成的自我丰满，这条路比堕落和放纵困难得多，或许还有一些荆棘和痛苦。但很多时候，我们在年轻的时候明明就知道哪条路可以让我们过得更好，但因为缺乏自我约束的意志力，因贪恋一时的欢愉就放弃了自我约束。

　　其实不颠倒人生次序，并不一定就是念书的时候成绩好，以后的人生就会是一片坦途。如果我们不是用固化思维思考问题，而是从选拔人才的角度看，一个人连自己最基础最本分的事情都没做好的人，很难令人相信你可以在未来的人生道路上找到自己该有的归宿。

　　找到了一份好工作，事业上就会一帆风顺，这样的表述方式是不成逻辑的。如果一个成年人连养活自己都做不到，那他就没有谈梦想的资格和基础。

　　软弱的人，需要一种廉价的、假大空的口号和精神鸦片来减轻面对当下时带给自己的痛苦。其实，你的人生本不必过得如此消极，解决这个问题的唯一办法，就是做你这个年龄该做的事，承担你这个年龄该承担的责任。

这样的人生，会因充实而显得丰满。这样的心灵，不会因为错过而感到焦虑和空虚。

以前在一个关于论述人生经验的帖子里看到过几句发人深省的话：这个世界的竞争，在智商差不多的情况下，拼的其实是心智开悟的早晚。在中学的时候明白自己该干什么的人，考上了一个好高中；在高中时明白自己该干什么的人，考上了一个好大学；在大学里明白自己要干什么的人，找到了一个好工作；在工作时知道努力和提升自己的人，最终大都成了人生赢家。

第三章

硬着头皮做完，好过完美地半途而废

为什么需要终生学习？
这是我听过的最好的答案

1

在一个关于董明珠的访谈视频，当记者问她是如何做到像今天这么成功时，她轻轻说了一句："不管什么时候，人都需要保持一种学习的姿态。"

有个学编程的叔叔，在某次聊天时说，其实当初填高考志愿时，他报的是土木工程，因为在他们那个年代，父母会告诉他，要找一个"铁饭碗"。学了土木工程这个专业，一张桌子，一把尺子，能绘图，就可以受用终生了。

可惜上大学的时候因为某种巧合，他突然被调剂到了计算机专业，接触到了一个完全异于以往认知的专业。那时候他对这个行业一无所知，为了不浪费学费，只好埋头苦学，没想到毕业之后这个专业成了热门专业，好几个大公司抢着和他签约。他说，当初他选这个专业时，痛苦了很久。可现在回头看，他很感激自己可以调换到这个专业，虽然计算机专业体系在当时看来还显得不太成熟，只是处于持续发展的状态，但正因为发展，所以专业知识更新迭代很快，他必须一直保持学习的势头，才能跟得上这个专业更新迭代的速度。

当学得越多，这个叔叔就越明白一个道理，要想成为行业"大牛"，就需要不停学习，让自己的知识系统像计算机一样不停快速"升级"。

他说，他以前还不明白为什么他老板七十多岁了还不退休，现在他明白了，他要保持工作状态就需要一直学习，维持思维活跃度，开阔视野，只有在工作状态下他才有这样的学习动力。这种动力，可以令他一直站在潮流的前端，保证自己不落后于时代，不和这个世界最厉害的那一群人脱节。

他说，当他七十多岁的老板和公司里的那些年轻人用英语交流最近的软件技术一点儿语言障碍都没有时，他很感慨，因为反观他自己这个年龄段里的很多朋友，思维早已经固化，认知也已经封闭了。可见保持学习的姿态，不仅是获取知识的手段，还能完善自己的人格。

2

这个叔叔说的话，让我想起了我的舅舅。某一次，我捧着一本书边走边看时正好在路上遇见了他，他很不屑地看了看我手中的书，问我说："你不是已经毕业了吗？为什么还一天到晚地买书？这不纯粹是在浪费钱吗？"

其实，生活中有我舅舅这种想法的人并不少。我上高中时，我们老师也会经常告诉我们说，你们现在好好念书，等考上大学就好了，等考上了大学，你们想怎么玩就怎么玩。

后来每次在大学遇到那些把打游戏当成生活常态的同学时，我就会想起我们老师曾经说过的这些话。

大约在他们的思维里，学习是一种形式，是一种看起来"政治正确"的任务，是人生必须要完成的某一个阶段，而不是为了自己思路清晰，心灵丰满，保持跟世界前沿的智慧和知识接轨的状态的阶梯。

但他们并不完全否认学习的重要性。他们很明白，在现在这个遍地都是大学生的社会里，每个人都需要有一个基本的学历通行证。他们最大的问题在于，他们认为只要拿到这张通行证，就能一劳永逸。

记得高中时有个同学，上学时成绩比我好很多，考的大学也比我好，我们报了同样的专业，毕业之后在同类型的行业里工作。毕业后，我一直保持着阅读的习惯，但是她却放下了书本，看她的朋友圈，空余时间大都是睡觉、美容、逛街。几年后再见面时，她已经对很多行业的前端知识一头雾水了。又过了几年，我的工资已经是她的两倍了。其实从当初入行的起点来看，她本应该比我强得多才对。可如今结果的差异，尽皆源自她毕业之后就再也没有认真学习过。

也许，一个人的起点和他最后能走多远，需要看他能不能认识到学习是一种终身习惯。

3

巴菲特曾经说过，一个人只有长期严于律己，专注于做好一件事情，并且坚持终生读书学习，才能享有随之而来的成功、荣誉和财富。成为世界首富其实并没有什么特别的捷径，通过一生的专注和终生的学习，慢慢累积才能有现在的高度。

知识对人生最大的回馈，就是让你永远都渴望得到知识的洗礼。这才是令人思维持久保鲜的唯一方法。

有种固化思维，认为人学到一定阶段就可以了。这其实是一种狭义的学习，一种把学习完全物化的思维。

这就好像那些在自己的认知里，断定自己很厉害的人，往往不是真的厉害一样。那些断定自己学得差不多了，以后可以休息了的人，也很难持续成长。

只有当人认识到自己在很多情况下，攀登的是一座天梯，才能因此而保持谦卑的学习姿态，才能继续维系整个人生意义上的更加广义的学习。

相信这个世界还有更多新鲜有趣的未知，是继续学习的基础。只有这样，思维里才能添加新东西，才能提升自己知识领域的丰富程度，成为真正的行家里手。

没有哪个行业会永远安全。在这个充满变化的时代里，终生学习才是学习的真相。

这个过程或许会很累，但是我相信，终生学习，能从根本上治愈我们的焦虑。坚持终生学习的人，潜意识中不会有害怕被抛弃的恐慌。如果人生真的是一个需要不停攀登的山峰，那

些站得越高的人，视野才会越开阔。那些拥有广阔视角的人，
看到的风景也会更美好。

没有压力的人生，并不像你想象中的那样快乐

1

有个同学在加拿大留学，毕业实习的那年，因为机缘巧合，接到了一个法语书翻译的机会。

那时候他才刚学了两年法语，对接下的这个翻译工作一直有些犹豫。可偏偏他那时已经毕业，不能再继续住校了，而是需要外出租房。如果接下这个翻译工作，正好可以凑够房租。他咬牙接了这个翻译工作，花了几天时间把自己不熟悉的单词挑出来后，又整理了文中出现过的语法和句式，硬着头皮向曾经的法语老师请教，专心致志地查阅涉及这些词汇的源头、出处及各类释义。做完这些准备工作后，他开始逐字逐句地翻译

文章，终于按照合同约定的时间翻译完了稿件。

他说，那时候真的是在用破釜沉舟的心态做这件事，生活的压力、时间上的紧迫感，激发了他无限的潜能，让他在两个月内飞速学会了大量的法语知识。

做完这件事后获得的那种自我超越的成就感，超过了获取金钱的快乐。

他说，以前读书的时候，不管是家长和学校灌输给自己的，还是他的自我认知里，都觉得学习需要真空环境，不能被外界干扰。其实，当他边做边学时才发现，有学以致用的压力时，比纯粹在安静的环境里的学习效率要高得多。

超越这样的压力，就像跑完步之后的那种大汗淋漓的舒畅感一样，是一种痛并快乐着的感觉。

2

我有个很有意思的朋友。她在儿子十来岁时，被公司外派出差，三个月没有时间管教小孩。她的儿子一离开家长，就开始放飞自我。他放学一回到家，就偷偷摸摸抱着手机玩手游。一开始还有些忐忑，怕家里人发现，后来见家里爷爷奶奶管不了自己，索性连作业也不写了，成天就躲在房间里打游戏。

她出差结束回到家时，孩子已经沉迷游戏三个月了，期末考试的成绩自然好不到哪里去。

我同学心里虽然着急，可面上却一点儿也不露痕迹。她没有像很多家长一样喝止孩子，而是有策略有计划地教育他。她儿子放暑假时，她主动跟他儿子说："好不容易放假了，咱们可以好好休息一下，要不今天放你打一天游戏？"

她儿子当即高兴得两眼放光，喜不自胜地拿出手机，"合法"地打起了自己喜欢的手游。中午吃完饭，他儿子觉得有些累，想出去踢会儿球再回来打游戏，被她按在桌子前说："你再玩会儿吧，你不是答应我今天要打一天游戏吗？"她儿子想了一想，觉得游戏仍然对自己有足够的吸引力，随即放下了踢球的念头，接着捧着手机玩了起来。

第一天玩过去的时候，她儿子还觉得挺开心的。

第二天一大早，她又把她儿子叫起来说："好不容易放暑假，你好好玩游戏，今天再打一天游戏吧。"她儿子虽然也愿意打游戏，却不像昨天那样高兴了，时不时想放下手机休息一下时，都被她快速地按住说："不行，你今天必须继续玩。"

就这样过了三五天，她儿子觉得有些受不了了，对游戏的感觉也不再像当初偷玩时那样兴奋了。到第八天的时候，她儿子终于受不了了，主动跟她说："妈妈，我今天能不能不玩啊，我实在玩不动了，受不了了。我想出去玩会儿。"

她乘机教育她儿子说，你如果今天想出去玩，以后就再也不能玩游戏。如果你以后还想打游戏，今天就不能出去玩，我还是允许你在家里继续打游戏，一直打到暑假结束。

这一次，她儿子坚决地摇了摇头，还是认为自己出去玩更好。

她问儿子知不知道为什么这两天打游戏时感觉不到快乐了，甚至还有一种厌恶感。她儿子摇摇头。她告诉他，如果每天吃完饭就打游戏，别的什么也不干，什么也不想，就像他现在这样，很快就会觉得疲惫。人有追求，有压力，才会不停地产生满足感。如果一个人的欲望被无限满足，就像是生活在一个没有压力的真空环境里，很快就会感到空虚。

3

曾经有一个人告诉我，如果某一天，他有了五百万，他就整天什么也不干，到处游玩。我告诉他，有这样想法的人，通常是很难赚到五百万的。一个人拥有多少财富，他就必须承受多少压力。这就是不得不承受的生命之重。有个赚了很多钱的公众号作者说，她每天打开后台，至少会看到二十多万条骂她的信息，可是她不会因为这些压力就停下公众号文章的更新，因为要成功，就需要顶得住来自四面八方的压力。

压力和动力，就像磁铁的两极，相辅相成。

人需要适当的压力，只有在这样的压力下，才能觉知到属于现实的重量，触碰到和生活融为一体的瑕疵和尘埃，找到自我那种真正的存在感。

很多人都幻想过这样的场景：某一天，自己突然得到了一大笔可以挥霍的财富，以后肯定都是享不尽的娱乐时光。从这个思维角度出发，这种状况或许能给他们带来想要的快乐。其实，当一个人的欲望被无限满足时，就像那个每天都可以打游戏的孩子一样，感受到的并不是幸福，而是空虚。

没有压力的人生，并不会像我们想象得那样快乐。

真正有质感的幸福，包含着我们超越自己去挣得这种幸福的过程。而这个过程中感觉到的压力，会成为我们感到幸福的养分。

这也是生而为人的自我要求。

　　努力的感觉，让我们如同推着石头上山的西西弗斯一样，一次次和那块压着我们的石头较劲，一次次将它推向山巅。这中间有痛苦，有怀疑，有犹豫，但正是因为这些，才构建了我们登顶的快感。当某一天真正失去那个一直在脑海中压迫着我们的目标时，也许我们会失去对幸福的感知，感到虚无缠身的寒意。

会听话的人偶尔考第一，自律的人永远是第一

1

上大学时，我们班那个以高考成绩第一名入学的男生，最终没能顺利毕业。

他的智商是毋庸置疑的，进校的时候各方面表现也都很突出。可惜在大学那种宽松的学习环境里，他渐渐丧失了自制力。开始只是偶尔一两次不交作业，但老师秉承着惜才的心理，没有太为难他。因为看不到实质性的惩罚，他就更放纵自己了——因为我们选择的文科专业，大部分课外作业都是些论文，到交作业的前一天随便把网上那些成例的思路复制下来自己删删补补，也能蒙混过关——就这样在日复一日地降低自我要求

后，他变得越来越没有责任感。那时候我们在一个小组，往往第一天组长预设要完成的事情，第二天只有他一个人没有做；往往第一天约定好的综合讨论时间，第二天发现只有他一个人没有来。抱着这种心态，他那些不能蒙混的科目逐渐开始挂科，英语四级考了三年也没有通过。

更令人诧异的是，他的这种学习态度开始慢慢渗透到他的生活态度上，他开始自我放纵。据他女朋友说，他经常对人随口承诺，最后却做不到；经常和她约好的事情，他自己却缺席。这样的事越多，他对自己的要求就越低。他的人生像陷入了恶性循环系统一样，到了大三最后一学期，他干脆不来上课了。

大四毕业时他没有拿到毕业证。他的家庭条件并不算太好，这样的结果，让我想象不出他最终将以什么样的姿态去面对他的父母。

我想，也许他早就在一次又一次对自己欲望妥协的过程中，逐渐放弃了自己所必须承担的一些基本责任，到最后甚至都已经麻木了。

其实，一个人堕落的过程，是一次又一次地自我放纵；一个人变优秀的过程，就是在一次次自我博弈中的自我蜕变。

我观察过，他的智商并不低，甚至他的反应能力、学习能力比很多人都强。但他的种种表现，皆因在外界的诱惑下难以管理自己的欲望，一旦脱离了外部环境的严苛标准，他就再也无法将高考前的自律持续下去。

仗着聪明和天分就自我放任的人，其实不能算是真正的聪明。

真正的聪明人，是能看穿生活残酷的本相，并且知道生活从来都不会和你讲道理的人。自律的人生尚且困难重重，更何况自我放纵？当我们面对生活时，能把握自己，是清醒得更早的聪明人，他们在和生活的博弈里，靠自我管控，慢慢建立起了自己的优势人生系统。

2

我在网上看到有一个大学时学会了四国语言的人在媒体上介绍自己选拔人才的标准——他说，上学时他就坚信一句话，其实国外留学申请的时候参考一个人在大学时的成绩，发人深省。一个人如果在宽松的环境里还能保持成绩优秀，也可以从侧面反映出他自控力的强弱，能在没有外部压力下自律的人，有自觉、主动地成才的意识。建立这样的预设机制，可以很大程度上降低学校的筛选成本。

他说，很多在大学里成绩不好的学生，当初高考成绩都不差。可是他们在大学宽松的环境里难以自律，玩了整整四年。

很多好的工作岗位也不喜欢大学时成绩不好的人，因为这意味着他工作时也有可能带着在学校的宽松环境里形成的松散、不负责任的坏习惯。可一个人在学校不写作业，损害到的只是个人利益，但在工作中，伤害的就是一个集体的利益。好的企业，都不愿意承担这种人才选拔的风险，干脆直接卡死在录取名校上了事。

没有内在的自律，全靠外部环境来约束——比如靠家长，比如靠纪律上的硬性规定——是无法促使一个人变好的。缺乏自主意识以及自律的内驱力，就难以把一件事持续下去。

我在网上搜索了这个会四国语言者的简历，发现他上大学时就已规划好自己未来的学习之路，在基础课业之外，几乎是利用一切空余时间在背单词，学语言。他在大学里就已经参加过国外的演讲比赛，雅思高分，西班牙语C1，日语中级，一毕业就凭借着语言优势获得了通往世界舞台的门票。

这种内在的自律，还给他带来了很多意想不到的好处。长期养成的行事习惯，让同事和上级相信他是一个值得托付的人，因此经常会获得参与重要项目的机会。他在操作这些项目的过程中，获得了很多旁人难以企及的视野和工作经验。

"手中空无一物，出门已是险恶江湖"这样矫情的口号，只针对那些没有好好努力的人，那些真正优秀的人，一直都在为自己添加技能光环，所以即使在同样恶劣的环境下，他们也能拥有比自我放纵的人更高的基底。

他的经历和我那个第一名的同学，有一种令人叹息的比照。但观照别人，更多的是需要令我们反思自己，反思自己是否处在固化思维里？反思我们是否有我同学那样的糊弄自己的不靠谱的"小聪明"。

3

很多年轻人的现状，都是抱着手机刷着各类APP，急于融入这个群魔乱舞的世界。

他们表面上是在追赶潮流，其实只是沉浸在被人引导的娱乐至死的自我放纵中；他们急于获得表象的优秀，从前辈那里听来了几句听起来有道理的金句，就认为自己已经得到了其他人没有的经验。

要知道，真正的优秀，一定不会这么简单的。

从逻辑上想一想，一件事，简单到任何人都能做到时，肯定不会是什么好事。只有做到别人做不到的事，才有可能获得更多的资源，拿到更高的奖赏。

一个人堕落到麻木很容易，在别人看不到的地方努力很难。

所以，在别人看不到的地方还能自律的人，才能获得更好的生活。

其实，成就更好的自己并没有我们想象得那么难。一个普通人想要变得更优秀，就需要有意识地控制自己，培养自己内在的自律。

很多优秀的人，并非一开始就是优秀的，也许他们一开始需要外界的要求和束缚，但持续的优秀，一定源自他的自我要求和内在的主动性。

这个世界上大多数人，做的事情几乎都不是什么"前无古人，后无来者"的。我们只需要把眼前的事情一件件克服过去，几年之后就能超过很多人。

很多轻易臣服于眼前的舒适、缺乏自律和自我要求的人，其实过得也并不那么舒适，他们内心同样充满着焦虑。而当你从内心深处开始约束自己，说服自己数十年如一日地不靠外力监督，也能认真对待自己的梦想和希望时，你会发现，靠着这样一点一滴的累积，终有一天，自己会脱胎换骨，当初那些遥不可及的目标，如今伸手就能够得到。

等你学会了，这个世界未必还有机会留给你

1

有个网友在网上提问，很多网上的、企业里的优秀的员工都是从哪找到的？是猎头们挖来的吗？

下面的回答大都中规中矩，分门别类地提供了很多公司搜罗人才的方法，有一个华为员工的回答是这样的：给的钱多了，不是人才也变成人才了。

我乍看到这个回复的时候，还觉得有些费解，后来细细思考了一下，觉得这个回复到并非全无道理。

大概是怕别人看不懂，隔了几天，他又用自己的亲身经历对这句话进行了解释——他刚进公司时和很多人一样，就是冲

着高工资去的。干了一段时间，公司要给他升职加薪，他觉得自己的能力匹配不了公司的期望，但是看在钱的分上，他觉得只要自己加快学习速度似乎可以解决这些问题，于是他就一边学，一边硬着头皮做下去。三年后，公司要给他调薪，把他调到比他自己当初心理预期高很多的工资岗位上，这样一来他又只能硬着头皮去解决各种令人头疼的工作问题，抓住一切可以利用的时间磨砺自己的技术，以便能快速匹配自己当前的工作资薪和管理岗位。

其实，国外有很多这类让自己相信自己很值钱的实验。这个答主就属于在经济诱惑和工作要求的双重压力下成功的案例。他现在已经脱胎换骨，晋阶为自己的最高级状态，无形中已经成了一个自信、专注、自我要求极高的人，因为长期保持着危机意识，他对本职业的前端技术一直带着敏锐的警惕，这种警惕鞭策着他一刻不停地了解行业的前端信息，现如今，学习已经成了他的本能。

他说，如果不是当初抱着战战兢兢和勇于尝试的心态，他无法成长为现在的自己。给的钱多了，不是人才也变成了人才，或许只是某种调侃，但却在侧面反映出"做"的重要性，以及人在做事的过程中的学习速度和成长速度有多么不可估量。

2

有很多不自信的人，仍然处于固化思维的笼罩下，长期在集体生活下，让他们习惯隐藏自己，吃着胆小、不敢尝试的亏。在一个集体环境里，凡事等着别人先做，自己跟着做就行已经成为习惯。或者，他们总认为一件事即使我不做，总有人会去做，也许他们能做得更好。就这样，很多人错过了在做的过程中学技能的机会。

我们公司的领导曾经告诉我说，她找到第一份工作的时候才二十岁，那时候虽然是刚毕业的小姑娘，但却有一种初生牛犊不怕虎的劲。

她进公司的时候只是公司的文秘，因为财务主管每次都喜欢安排她帮忙做一些财务部门的周边工作，她很快就学会了很多基础财务知识。某一次，公司有一个融资任务，财务总监忙不过来，她自告奋勇说："要不我帮你筹备资料试试。"对方将信将疑地把任务指派给了她后，她靠着这次实践机会，学会了审计知识，顺便还考了一个审计师资格证。

因为这个任务她完成得完美，公司为了嘉奖她，特意为她成立了一个融资部。她在实战中越来越有经验，最终成为集团财务总监。

李敖曾经说过一句话，很多事情，看起来很难，但实际做起来的时候会发现并没有想象中那么难。

3

我曾经一度也是这样认为的：一个人只有做足了准备，才能去做某件事。就像很早以前，我读小说、看电影时，每当看到江湖中新人接替旧人，或是年老而有经验的传奇人物死去时，我总会忍不住为那些初出茅庐的人担心——他们的能力还没有成长起来，他们的名字还不足以抚慰人心，就这样贸然地担当了大任，会不会太危险？所以，我总希望他们修炼到万无一失时，再去面对这个世界的冷酷和危险。

工作之后，我才意识到，这个世界总会迭代，江湖上也永远都有传奇。真正意义上的成长，需要主动投身到风雨中才会被打磨出来。我曾经的那些担忧都是多余的。一个人，想要把自己变成"牛人"的最好方法就是融入这个变化的世界，和它共振。那些没有将自己的思维与这个世界联系到一起的人意识不到，他们在自己的世界里埋头苦学时，他们脑海中的世界其实并不是真正的世界，而是受到自己的眼界限制后的世界。因为这个世界发展的速度，远比我们想象中的还要快很多。

所以，真正意义上的学会某件事，需要经过实践中反思、自省、磨砺和改进这一套系统的过程。我们不可能在真空环境里把自己的能力磨炼到万无一失。只有实践中的历练、反思和调整，才能加快我们学习的速度，让我们抓住真正有价值的东西。

之所以不敢去尝试，是因为我们在学生时代里，长期接受的都是"等我学会才能胸有成竹"、"考前准备"的概念，它们看起来虽然很正确，但在现实中实现起来一是难度大，二是"会"这个标准，随时在改变。

这已经不再是那个"积累定终生"的时代了，无论多么热门的学科，或许转瞬间就会被抛弃，无论多么聪明的人，也不能凭空预设自己的专业体系。快速吸收新知识，融入新世界才是成长的最佳路径，我们所有的基础准备，都是为了被实践检验。

为什么那些心理学公众号总是强调原生家庭要营造出良好的学习环境？

为什么那些健身教练总是告诉我们想要减肥，就需要常和那些热爱运动的人在一起玩？

为什么那些成功的作者总是让后来者先写了再说？

他们指向的其实是同样的道理，把自己想要学的东西，想要达成的目标快速融入自己的生活中去。不管怎么样，先做起来再说。在做的时候，我们的学习效率才会更加高效。

我们要有意识地让外部环境鞭策自己，有意识地让自己与那些优秀的人同行，有意识地主动付诸行动。一旦我们把思维模式切换到"怎么做"的时候，我们的大脑就会自动切换路径，开始思考"怎么做"。这就像一旦上了跑道，再懒的人，都会自然而然地跑起来。

这一切，就和当初那个被逼上岗位的华为员工一样，在不同的机制下，最终可能会呈现出两种截然不同的状态。我非常喜欢那句话——适当的时候逼自己一把，总会有让你意想不到的收获。真正的机会，是等不来的，它是我们在实践和执行中的意外收获，是这个世界给勇于尝试的那些人的奖赏。

没有谁的成功是天上掉下来的

1

多年前，一个申请去香港读硕士的网友在论坛上写了一段自己申请offer的经历。

她和很多申请去香港读书的人一样，向论坛里一个热心的港大前辈请教如何选择专业、如何找人写推荐信等等。那几个月里，她几乎一有问题就给那个前辈打电话，事无巨细到连租房子要带哪些东西的问题都要咨询。

某一次，当她又一次打电话过去时，她发现电话通了却没人接，她隔了十分钟后又打了好几次，对方还是没接。她有些失落地挂了电话。几天后，她发现那个前辈在论坛上发了个帖子——我建议有些人还是别去香港读书了，我觉得你到了香港之后根本活不下去。

单看标题就令她有些心悸，打开帖子浏览后，她瞬间明白了前辈说的"有些人"就是指向她的。

好在前辈并没有仅限于吐槽，而是详细分析了哪些问题是香港读硕应该认真考虑同时需要避免的雷区，哪些是需要自己动脑去分析的问题。

那个帖子让她脸红。在那一瞬间她明白了，人应该靠自己的主观能动性来解决问题，不能所有的答案都指望着别人来指导。其实前辈说得对，她当下面临的问题，很多想要去香港念书的人都遇到过，如果她能搜一搜以前的帖子，或是看看别人总结过的碰壁模式，就不会被那位前辈嘲讽了。帖子里的回复里有很多有效的应对方法，包括乘车线路、租房注意事项、适合学生逛街购物吃饭的地方等。

看完了这些，她也明白了自己向前辈请教的问题是多么多余。大约她内心深处一直觉得，所有的问题直接问前辈会更省事，久而久之竟然将这种习惯当成了自然，完全忘了这些都是她应该靠自己去解决的东西。

2

她的事让我想起了几年前我妹妹写网文的事。编辑通常会把同一批进入网文圈的作者拉到同一个群，我妹妹说，那些文章能卖钱的作者，她们的表达能力可能都在同一水平线上下浮动，可写着写着收入差距就会拉开。一年半载之后，网站就会自动淘汰掉一批收入过低的作者。

她告诉我，有时候，那些收入低的网文作者也会找编辑理论，怪网站读者欣赏水平差，编辑推荐不上心，自己的文章没有显眼的推荐位置等，一般这类作者，编辑开始可能还会解释一下，闹的次数多了就会直接把他们屏蔽掉。

我问她，这中间还有什么乾坤吗？

她说，这中间暗藏着的，是一个作者有没有主动解决自己问题的能力。那些写网文能坚持下来的和不能坚持下来的作者，文字水平差距不会太大。造成收入差距大是因为很多作者又想赚钱又不愿意花费过多的时间去琢磨自己文章中存在的问题，不愿意学习。编辑们最喜欢那种懂套路的作者，这样的作者有主动学习能力，不需要编辑一直手把手地教你写作，也不会浪费编辑的推荐资源。

妹妹说，一个作者要能进步，她自主解决问题的能力很重要。她要靠自己学会探究网站读者需求和网站推荐风格的能力。这些东西，在网站内部的确很少会有编辑去花时间专门给作者做培训，因为在这种稿件批量生产的环境里，编辑们大都已经默认了优胜劣汰，只会把优势资源集中给那些愿意主动反思，能自主解决自己问题的作者。

我想，这世界上很多事的道理都是大同小异的。妹妹的这套理论，应该不仅仅只是作者和作者之间收入拉开差距的原因，在任何一个工作岗位上，这都会成为一个人的人生和另一人的工作效果拉开差距的原因。

3

真正厉害的人，都不会仅止于看到问题，而是有一种不依赖别人做拐杖就要靠自己主动解决这问题的意识。简言之，主动已经成为了他们的生活态度。

记得一个女闺蜜说，最有魅力的男人，就是那些一声不吭就把问题解决了的男人。

你会发现，和那种靠自己解决问题，尽量不去麻烦和依赖别人的人交流起来会特别轻松。他们接受信息的方式不是被动承受式的，而是举一反三式的。

我们日常生活中所说的那种聪明人，其实就是他们这类人。

和我合作过的一个采购经理告诉我，他有时候真的不太愿意跟那些刚毕业的大学生打交道，因为他们身上常常会有一种依靠别人的惯性。一项本应该由他们自己负责的工作，他们却还持着某种盲目的等待姿态，等待着别人来教他们一步一步去做，没有那种靠自己摸索学习，找方法把问题解决掉的主动性。

其实，我觉得他说的不单只是那些刚毕业的学生的问题。这种问题，普遍存在于有这类固化思维的人身上。很多工作多年的人也有这种思维——遇事永远等待着别人的指示，做着类似于复制粘贴性质的工作，没有一点儿解决问题的主观能动性。对这些人而言，资格再老也不能说明他们比刚毕业的大学生厉害，只能说明他们是个熟练工而已。

所以，判断看一个人是否厉害，不能仅把身份和年龄当成判断标准，而是要看他有没有独立思考和独立解决问题的能力。

当然，这并不是说那些厉害的人就不需要别人的帮助了，在这个高速发展的时代，合作永远都是人与人之间的主旋律。只是，那些厉害的人同别人协作的时候是具备主动意识的。他们有着清醒的认知能力，对于自己要解决怎样的问题，应该怎么做，都有自己完整的思路和一套清晰的方法。他们只在自己确实需要别人帮助的时候才会求助，而不是从一开始就依赖别人，将问题的决策权交到别人手里。

这世界就像一个冷酷的仙境，真正的偶像，永远孤独而坚强。翻翻那些业界前辈高手们的履历，你会发现，那些团队的核心骨干，大部分都是在没有鼓励，没有认可，没有帮助，没有理解，没有宽容，没有退路，只有压力的情况下，咬牙闯关，独自解决着自己面临的困境。

在学生时代，我们每个人都曾依赖过别人。当我们踏进社会的那一刻，不管我们愿不愿意，我们都必须成为自己的主人。那些放弃自我决策，不愿意独自努力的人，永远不会真正的掌握生活，永远都会有担忧他人离去的焦虑。

只有彻底摒弃对他人的依赖，真正从精神上独立起来的那一部分人，才能成为自己生活和工作的主人，从根本上解决自己要面对的困境。真正的从容和淡定，不应该向外寻求，因为它永远只存在于我们自己的内心。

别让你的努力，最后都败给焦虑

1

有一个人在网站上吐槽说，自己某个很正常的同学，现在像中毒一样，患上了"进步焦虑症"。

具体症状如下：一大清早起床，就看见他在朋友圈里发了一大堆健身的图片，并配上一段激情昂扬的文字，用以自励。

中午吃饭的时候，那个同学还会准时发一大段总结，列出一长串知识付费的课程标题和主讲人的名字，总结自己上午具体学到了哪些知识。

晚上则是那个同学发圈的高潮时刻，大概每隔几分钟就会来一条：某某老师说得非常对，现代人最大的问题就在于手机

APP，从今天开始，我不能再浪费一分一秒的时间，不能再浪费自己的生命，每一刻都必须用来学习真正对自己有用的知识。

他说，同学这样的状态，不但没有给人带来丝毫的励志感，反而会令观者升起某种莫名的焦虑。

好在他同学没到一个月时间就偃旗息鼓了，不然一直都是这样的状态，身体或是精神，总有一个会出问题。

他说，在他同学最初向他推荐那些付费课程时，他也下载过，听过一两次后发现，那些付费课程翻来覆去总是同一套东西，每次在一堆大道理中热血嚣叹，却没有学到什么真正有用的知识，所以听过几次之后就放弃。这些课程不能说完全没用，但充其量只能算是一档益智性娱乐节目罢了。像他同学那种日常亢奋，不能算是学习，更多得像是在发泄焦虑。

我觉得他说得很对，任何努力，都必须符合基本的规律，才能持久。

像他朋友这样的亢奋状态，只能持续一时，不能持续一世。学习从来都不是一时冲动的事，而是一场直到人生终结才能停止的马拉松。

短暂的冲动不能说没有任何效果，但久了就会禁锢认知，浪费系统学习的时间，还会挫伤一个人学习的热情。但这问题的症结不能完全归结于他的同学，因为现在有太多令人眼花缭乱的APP了，它们都在利用刚毕业的学生急于自我成长的心理，向他们贩卖着各式各样的焦虑。

2

记得有个小学妹刚进我们公司实习时，第一天就因为做错事挨了领导批评。她一整天都心情沮丧，下班之后便急切地来找我，让我推荐几本能快速成长、学习专业知识的书给她。基于对她的性格和她当前工作状态的大概了解，我拒绝了她的要求，让她先好好休息几天再说。

我想，在那种乱糟糟的心情下，她未必能静下心去好好读书。强行要求她学习，只会让她更加心烦意乱。她找我推荐书，并不是因为她需要读书，而是她想通过这种"我在学习"的姿态来缓解自己现在的压力。

在她工作越来越顺手后，我主动找了一些她在工作上可能会用到的专业书籍书目，又推荐了几本相关的衍生读物，一并用邮件发给她。在这封邮件里，我告诉她说，要想真正学习某种知识，需要一个专业、系统的学习过程，再加上实际操作上的补充，才算是完成了基础部分。

我说，我当初之所以没有答应你的要求，是因为每个人的学习基础不一样，想要通过学习达到的目的不一样，专业选择的走向和擅长的部分也不一样，我那时候并不明白你想要通过学习得到什么，但是通过这半年的接触后，我大概就明白了。

其实，我曾经和她一样，在受挫时，会买一大堆书来进行自我安慰。在我年轻的思想里，总认为自己读了这些书，达成了某个目标，那些工作和学习上的问题就会迎刃而解。

甚至在我曾经和同事冲突时，我还咬牙切齿地在心中暗自较劲：等我考到某某证之后，我就再也不会有这样或那样的烦恼了！

后来，当我真正获得那个证的时候。我发现每天令我焦虑的事情并没有减少，只是我自己的心态改变了很多而已。

其实，学习这件事，除了获得必要的技能，剩下的改变就只是我们自己的认知，以及我们和世界相处时的思维模式。它们并没有帮我屏蔽掉世界本身所固有的、自带的困境，也无法帮我避免那些我成长中必然要承受的伤害。

很多成功的知识付费平台的老板，利用了那些像当初的我一样急切地想要自我成长、想要直接省略掉中间努过程、想要通过听几堂课或是看几本书就改变自己的人。

他们兜售的基础在于，他们会引导性地让你感觉到全世界的人都在进步，只有我一个人落后了的焦虑感。

这就像现在很多网站上常常会用那些诸如"三天教你写作课""一年赚一百万的秘密"等夸张标题来博人眼球一样，让那些没有多少辨识能力、刚刚走出校门的学生成为自己产品的受众很容易，因为这些学生们大都迫切地想要成为这些文章里描述的成功人士。

其实这一切，都是利用人们急于成功的心理，只呈现结果不陈述过程，把本来需要十年的时间硬说成十个月，把黯淡的前景添油加醋地说成光芒万丈，把1%的盈利说成100%。

3

人想要进步，需要理解学习的本质。学习的本质，是不断打破、重塑自我认知的过程，而不仅仅是外在学习的表象。

真正的学习，更像是对自我的一种润物细无声的滋养。这个过程是痛苦并快乐着的，它意味着我们需要有一种不断打破原来自我认知，重塑新的自我认知的决心和毅力。它的唯一指向，是把我们塑造成为一个有独立判断能力的人，不断通过强化我们的独立思考能力，确保我们自己能掌握独立生活的技能，并不停地自我更新迭代这些技能。

这样的过程，达到一定程度后，会给我们带来内心的丰盈感。所以，那些真正拥有知识的人，总是从容而优雅、温和善意，和他们交往时会有一种如沐春风的感觉。

摆脱固化思维，首先要摆脱的就是我们急于成长的焦虑。我们要坚信，那些对生活真正有掌控感的人，不会总是急于摆出要挣脱原有身份，急于投入到某种自己想象的精英群体里的姿态，而是从容地享受着学习这件事本身带给自己的乐趣，只有这样不疾不徐，才有真正深入探索的可能性，也才有真正构建系统、完备的知识体系的可能性。

成人的世界里，结果比过程重要得多

1

在网上搜索某个音乐人的信息时，无意中关联到一个网页，一个音乐投资人在上面写了一段和自己有关的故事。

这个投资人年轻时非常喜欢音乐。某一次，他在酒吧里结识了一个同样热爱音乐的吉他手，吉他手向他陈述了自己对音乐的痴迷和热爱。在吉他手的央求下，他投资了几十万给这个吉他手，鼓励他继续追求音乐梦想，争取早日出一张属于自己的唱片。

一年后，当投资人无意间再次路过那个酒吧时，发现当初说自己强烈热爱音乐的吉他手并没有继续追寻音乐梦想，而是在酒吧附近开了一家唱片专营店，当起了唱片店老板。

　　吉他手骤然看见当初的投资人从店门口路过，愣了半晌，有些脸红。他上前同投资人打招呼，解释说现在出一张完美的、达到他内心审美标准的唱片难度实在太大了，他努力了很久，发现这个商业时代根本容不下他的音乐天分。他说，你都不知道我那时候有多努力，最悲惨的时候都已经快到众叛亲离的地步了，如果不是后来拿剩下的钱开了这家唱片店，我简直就觉得当初自己做音乐人的决定是不是脑袋被门夹了。

　　投资人错愕地听完了他的解释，一句话也没说就转身离开了。当他再提起这件事时，他是这么写的：我觉得当初那个脑袋被门夹的人应该不是吉他手，而是我自己。他说，这个吉他手开的唱片店后来关门了，他又找了别的工作，大都未能持久。他之后又尝试跟吉他手联系过，但是一直都没有联系上，这件事令他久久不能释怀。

　　我想，其实从他投资唱片的事情，就可以预见吉他手后来的命运。一个成年人，如果不能对自己承诺的结果负责，是注定干不成什么大事的。

2

　　这件事也让我想起了一个同事的经历。每次我们一起出去玩，他都会有意无意地告诉我们现在的工作有多无聊，他的部门领导有多傻，总公司又不会实时监管，一件事做得差不多就行了。可部门领导却总想把事情做完美，为此耗费了他的很多私人时间。当时我并没有接他的话茬，因为我知道他们的部门之所以年年都有奖金，就是因为他的领导对部门项目非常负责。

　　他平素为人大方，长袖善舞，很多同事都跟他关系很好。在大家的风评中，他似乎是一个很不错的人。后来某一次，他负责了一个他口中很"简单"的项目，却因为自己的失误将这个项目做砸了。他的直属领导并没有听任何解释，当天下午就把他开除了。他离职时，几个素日跟他关系很好的同事也没有为他说话，因为他造成的失误，导致整个部门的奖金都减少了。

　　其实，我同事和那个吉他手一样没有任何原则，他们心里觉得自己努力了，但是根本就不会真正对结果负责。当他们无法对别人有所交代时，第一选择就是逃避。

　　正因为这种不靠谱的做法，造就了他们自己人生或是事业上注定的败局。

在我们学生时代时，老师和家长在鼓励我们时都会说，只要你努力过，最终的结果不重要。但事实上，在成人的世界里，大部分人只看你努力的结果，很少有人会去关心你的努力过程。

当一个成年人拿着别人的钱，却不对结果负责时，其实就是在消耗别人对你的信任。如果有一天，所有愿意帮助他的人都对他失去信任了，他也就失去了成功的基础。

3

记得有一个电影导演曾经说过，总有人会问为什么现在烂片这么多，那是因为很多导演在商业利益的诱导下，只专注于制作一帧帧的大场面，而不把精力放在最终呈现出来的结果上。

他的话让我想起好几个导演在电影遭到观众批评时在媒体上的自我陈述——这几年我真的很努力，这部电影我聘请了多少个国外的特效团队，呈现出了多么宏大又震撼人心的视觉特效；我请了多少多少位专业编剧，把剧本磨了多少多少遍才开始拍等等诸如此类的借口。末了，他们会委屈地站在镜头前撇嘴，我都已经这么努力了，不知道为什么观众还总是那么挑剔。

其实，真正优秀的导演，是要对影片最终呈现出来的结果负责的。观众不会去看他们的努力过程，影片制作过程如何艰辛，演职人员如何努力，他们都不关心，也不会被这些东西打动，能感动他们的只能是影片本身，结果会替一切说话。

极力渲染自己努力的过程，控诉大家为什么一直要求他们为结果负责的那些人，其实是一种"卖惨"式的表演，是一种把学生式的不成熟思维带入了成人世界的耍无赖。

4

心理学上有一个峰终定律，大意是：人性最大的特点是只记得最优最劣时的峰值和最终结果。中间的过程，不管你做得怎么样，在别人的感官里都不会留下太深刻的印象。

事实上，工作的这几年，我也待过几个大大小小的公司，虽然公司的性质各不相同，但见过的领导没有不要求结果反馈的。几乎所有的公司都会把"结果导向"和"任务反馈"写进公司的价值观或是公司的使命里。

领导常常告诉我，把结果留给他，把过程交给自己。因为他每天要处理的事情太多，没办法事无巨细地听我用了什么办法去做这件事——他只要结果。

的确，在这个世界上，除了最关心我们的那几个人之外，大多数路人都不耐烦花时间听我们解释，或是去了解我们在办成一件事情时付出了怎样艰辛的努力。要结果，是对自己负责。

现在，我也学会了问自己要结果。

一周的工作里，我到底完成了哪几项任务？

背了一个月单词，我到底真正学会了多少个？

用空余时间读书，我读完了哪几本，了解到了多少我以前没有了解到的知识呢？

在这样不停反馈的过程中，我发现，有一天，曾经难倒我的东西，已经迎刃而解了；曾经让我害怕的工作，我也能驾轻就熟了。

这时候我才明白，过去那种只要过程而不管结果的思维，蹉跎掉了我多少的时光。没有结果的检验，我就没有那种紧迫感。当我仅止于向他人渲染自己在过程中承受的痛苦而不反馈结果时，我最多只能获得别人的同情，无法得到内心深处渴求的那种自我满足。

曾经看到过一句话：成功的定义只有一个，就是对结果负责。这句话看起来很武断，但是却点透了某些真实。那些成功的人之所以享受巨大的声誉或是巨额财富，是因为他们通常都是结果的第一责任人。对结果负责，不是说在成人世界里过程就不重要，而是从我们踏上工作岗位的那一刻起，就应该重视反馈的价值和意义，重视一件事呈现出的最终效果。

真实的生活不会对任何人网开一面，在这个快节奏的时代里，不管是在生活还是职场中，即使我们不愿意承认，但事实上，只有结果才能映照出我们做这件事的价值和意义。

那些在某个领域有所成就的人，都是重视自我反馈和结果的人。他们深刻明白这个道理——把一件事硬着头皮做完，始终强过完美地半途而废。从结果上复盘一件事，我们才能更快更准确地看到自己的问题。当完成阶段性目标时，我们才能构建出属于我们自己理想中的人生价值。

第四章

所谓的成熟，就是重塑我们的认知

真正意义上的独立，是拒绝被世俗标准绑架

1

我有一个闺蜜，从高中时就和一个男生谈恋爱。大学毕业后，包括他们自己在内的很多人，都满心以为这段旷日持久的爱情长跑终于要开花结果时，没想到因为一点儿小误会，两人坚决地分手了。

因为这次恋爱，闺蜜好几年没再谈恋爱，眼看着变成了别人眼里的"大龄剩女"。她自己本来不在乎，但是她妈妈却急得像热锅上的蚂蚁，亲友聚会，日常生活，但凡见到那些七大姑八大姨时都是同样一句问话："能给我们家妞妞介绍个男朋友吗？"

一开始闺蜜并没有太在意自己的婚姻问题，但出于孝顺，妈妈让她相亲她就去相亲，妈妈让她尝试和那些别人眼中"看起来还不错的男生"交往时，她也会主动和对方交换联系方式。

因为那些相亲的男生大多与她没有什么交往基础，谈完了最初的基本问题后，双方便都没了继续深入了解对方的欲望，彼此之间很快就不再联系了。

但闺蜜的婚姻问题在他们家几乎已经成了头等大事，有时候她只要稍稍显露出一点儿疲态，她妈妈就会展开攻势，眼泪汪汪地控诉自己是如何含辛茹苦地把闺蜜养大，又是如何担心闺蜜的未来。在这种亲情攻势与"嫁人才是女人的标配人生"这类观点的捆绑下，闺蜜十分无奈，只能不停地在这种"相亲，再相亲；分手，再分手"的状态里循环。

后来，她妈恨不得跪下来求她："就算我求你了，能不能别再挑，遇到一个条件差不多的，你就结了吧。"

女儿没结婚几乎成了闺蜜妈妈最大的心病，感觉出去都没脸见人、对不起列祖列宗似的，每到过年想到闺蜜又大了一岁，她妈妈就哭哭啼啼地念叨她的婚事，搞得整个家都一片愁云惨淡。

闺蜜咬牙对我说："下一个，只要条件差不多我就跟他把婚结了，就当是为了我妈开心，我结了再离都行。"

她终于结婚后，告诉我们，她同她丈夫结婚的理由是为了让家人开心，在亲戚朋友间有面子，证明自己没有什么生理问题。

婚后几个月，她发现老公不仅家暴，还透支了多张信用卡，自己莫名其妙就背了十几万债务。

这一次，闺蜜又举全家之力，耗费了巨大的精力，终于把婚离了。她妈妈也终于不再逼她了。她和我们苦笑着："在世人的眼里，一个三十几岁的离婚女人，看起来比还没结婚的女人要正常得多。"

我告诉她，儿女的婚姻联动着父母这个问题，在当下的时代里是一种常态。父母虽为儿女着想，但思想仍旧处在他们那个的年代标准下，他们认知的局限性和关爱儿女的本能是共存的。但我们可以自己决定听不听他们的。很多儿女，之所以会被父母那些不合理的要求绑架，会被那些符合世俗标准的观点绑架，是因为我们潜意识里没有脱离固化思维里对他人的依赖，没有摆脱对父母情感的认同，没能真正形成自己独立决策一件事情的笃定。

这个时代，有很多这样的人——明明在年龄上已经成年，但在情感上却依然还没有毕业。潜意识里对父母的情感依赖，是我们从生下来开始就带着的。我们成人之后，也带有这种惯性，把对他们的盲从理解为孝顺。在这样的思维惯性下，当父母辈的认知被世俗标准绑架时，我们的独立决策能力就会在无形中被我们附着在他们身上的情感所绑架，在这种情感共生的状态下，做出错误的选择和判断。

2

记得有个朋友在闲暇时，曾向我说起过她的一个学长。这个学长比她高两届，大三时就去了一家知名的公司实习。她毕业的时候，学长已经成为那家知名企业的正式员工，还靠着薪资和贷款在北京买了一套房子。

朋友说，她那时候刚毕业，第一份工作的工资税后才2500，在北京买房的事对她来说无异于天方夜谭。在她们那个普通的二本校园里，学长的经历一时成了很多人心目中的传奇。

更令人羡慕的是，学长毕业之后就和自己大学谈的女朋友结婚了，成了别人口中标准的优秀青年。

遗憾的是，结婚不到三年，他老婆就提出了离婚，坚决到一点儿挽回的余地都没有。

学长以前是个绝对事业型的男人，在他的标准里，年轻应该多打拼，所谓的成功男人，是应该在外面的事业上冲锋陷阵的，所有的家务他一概不能伸手，都该由老婆来做。结婚三年，他们夫妻俩甚至都没有出去旅游过一次，面对老婆的质疑，他说她这是享乐主义，人要趁年轻多拼搏，资产充足、出人头地后才有资格享受生活。

在他老婆提出离婚之后，很长一段时间里，他都无法理解他老婆的坚决：他已经在大城市买了房子，那些成功人士该有的能力他一样也不少，他的妻子明明可以在人前风光，为什么还对他有这么多的要求。

痛苦了几年后，他偶尔看到了前妻在微博里发布的旅游照片，再婚后，她嫁给了一个各方面条件都不如他的人，但是脸上却有着和他在一起时从未有过的幸福、轻松的表情。

他开始反思自己以前的生活方式，似乎他一直都活在别人的眼光和这个社会界定的成功标准里，从未真正考虑过自己内心的需求。

反思过后，他决定听从自己内心的召唤，换了一份比较轻松的工作。他重新装修了房子，所有家务都亲力亲为，培养了很多跟赚钱无关的爱好，学做菜、做蛋糕、学插花，重新捧起了专业书籍以外的书，每年出去旅游好几次，把一部分游记整理了之后出了两本书。在做这些事的时候，他愈发地认识到，他本来可以和前妻拥有更丰富多彩而又愉悦开怀的生活，但是这些可能性现在都已经被他错过了。

3

其实，真正意义上的独立，就是自己成为自己生活的掌控者。不管是父母的要求，还是世俗标准意义上的价值观，都不足以干扰我们的理性判断，不足以影响我们的自我坚持。

独立的路之所以难走，并非是因为外在斩妖除魔，而是内心的艰难跋涉。很多时候，不管是父母口中的好，还是世俗标准上的好，不一定就是完全适合我们的。我们要学会拒绝思维中那种错误的认知惯性，拒绝被世俗标准绑架。我们需要接受这个世界的丰富性，相信真理不仅仅只有这一种判断，拒绝偏狭，尊重不同，这才是真实自我的开始，也是自由选择的可能性的发端。

这些年，我不止一次听人抱怨过自己的父母，抱怨过世界。

但总会有那么一些人，拥有着我们向往的圆满和自由。我一直都这样告诉那些抱怨世俗标准的人：你要相信，当你对你想要拥有的生活有足够的认识能力，对自己要追求的那条道路也足够坚定时，整个世界都会为你让路的。

只有人格健全的人，才既敢于谈钱又能讲情怀

1

我大学时有个同班同学，大三某次期末考试，十门课挂了六门，老师找他谈话，他是这样为自己开脱的："君子不器。"按照他的解释就是，他追求的是整个人类如何才能获得幸福这样的终极问题，不能被考试这样的俗事拖累，沦为应试的工具。

后来毕业时，他因为挂科太多没有拿到学位证，影响了正常的工作入职。最后一次在学校里看见他时，他非常沮丧地告诉我："现在的公司太势力了，难道没有学位证，就代表着我一定没有能力吗？"可是，无论他怎么抱怨，他理想的几家公司都一致拒绝了他。

又过了几年，在班级群里聊天，他不无遗憾地说："很后悔当初没有好好学习，如果大学时能好好学习，现在就可以站在一个更高的平台上，也不至于在毕业后花那么多时间为自己的年少轻狂买单。"

我们的老师这时适时出来在群聊中插了一句话："其实，有情怀是好事，只是需要建立在能养活自己的基础上。只追求情怀或是只追求钱，伤害了思维的开放性。"

2

老师的话成功地逗笑了我们，也让我想到同学娟娟的工作经历。

我们才刚出校门时，大家都在网上搜索招聘岗位，她看见网上有家公司挂着"××国际互联网有限公司"的名称，心中立刻浮起莫可名状的景仰。战战兢兢地投完简历后，那家公司竟然第二天就通知她可以去上班。

重点来了，娟娟没想到入职时竟然是老板亲自面试。老板把她安排到一个简陋的格子间后，告诉她说公司目前的运营状况和硬件设施虽然看起来不太好，但是胜在市场前景广阔，甚至这个项目可能会为国家带来几十个亿的经济价值，容纳上万种产品品类，几亿网络受众群体等。

可惜好景不长，娟娟入职后，完全没有感受到公司有老板口中所说的堪比腾讯、阿里的霸气，甚至连办公室租金都快交不起了，老板还在和她大谈情怀的重要性。娟娟入职后的第一件事就是去拉客户。可能她运气比较好，虽然公司就两台电脑两个人，但是她还真拉到了一些愿意投入广告的客户，并做成了几单业务。

第一个月过去后，老板告诉娟娟现在是实习期，没办法给她发工资。她咬着牙又坚持了两个月。第三个月中旬，她在帮老板收回一笔服务费后，终于忍不住问了老板一句："老板，什么时候能给我发工资呀？"

听到这句话，老板本来眉开眼笑的脸顿时垮了下来，斥责娟娟道："在我们这么有前景的公司里，谈钱这么俗气的东西，你不觉得羞耻吗？"

娟娟被他训得面红耳赤，不敢再提什么发工资的事情了。待满三个月后，在家人强烈的要求下，她终于向公司提出辞职。

有了这次失败的工作经历垫底，娟娟再找工作时仔细了很多。她筛选良久，最后终于进了一家管理规范的大公司。在这家公司里，她遇到了一个愿意培训和提升她的领导，虽然这个领导比较严厉，同样的细节需要她修改好几遍，但是该给她的薪水却一分不少；遇到需要为员工争取利益的地方，领导通常会身先士卒为她们争取。她说，跟着这个领导，她学到了很多东西，头一条就是不卑不亢地为自己维权。

后来因为集团的要求，领导要被调派出国。娟娟为了表忠心，对领导说："如果你不在这个公司了，我也不会在这工作了。"

她本以为领导会高兴，但他听完娟娟的话后，却非常讶异。他用坚定的语气否定了娟娟的提议，对她说道："你要知道，你并不是在为我工作，你是在为公司工作，如果这家公司值得你继续为之效劳，符合你的职业规划，那么你就应该继续工作下去。反之，即使这里有我，这家公司若是不值得你待下去，我也会希望你能离开。"

领导的话令娟娟十分震惊，她事后细想了下对方的话，觉得领导说得很对。虽然已经工作了好几年，她却仍然还处在固化思维里，从来都没有用领导那种独立、客观的理性思维去判断自己周围的人和事。

当初她被第一个老板忽悠时，是因为自己内在的懦弱和不自信，导致不敢跟对方谈钱。现在为了第二个领导的离职而离职，也仅仅止于一种江湖义气，用自己泛滥的情怀伤害着自己的职业生涯。

3

其实，不止娟娟，很多有固化思维的人，都不能正确地理清金钱和情怀的关系。

就像我老师说的那样，完全割裂经济基础或是完全割裂理想追求，都不是良性的、健康的人生。

我见过不少刚毕业的大学生，要不带着反馈父母的经济压迫感，迫切地希望把自己的技能变现；要不就是空有一身理想而不能观照具体琐碎的现实，完全不敢追求自己的正当利益。

其实，钱和情怀，就像是生活中的一体两面。只以追逐经济效益为目的，是对这个世界丰富性的一种污蔑。为什么那些富豪们偶尔也会觉得疲惫？因为追求经济效益带来的快乐始终是短暂的，每个人都有着经济价值以外的情感向往。个人价值、工作结果可以用钱来衡量，可是真正在工作中的自我认可与自我评价、工作带来的满足感、成就感、舒心程度以及个人技能的提升，这些都是无法用金钱去计算的。但是如果一个人只是高谈阔论，却连自己的基础需求也无法自给自足时，不说这个人有多坏，起码并不值得信任。

　　曾经有人说，那些厉害的人，都是能把两种截然不同的观点在自己大脑里对立统一还能正常生活的人。我觉得这句话还可以说得更精确一些——那些真正人格健全的人，他们既能脚踏实地，又能仰望星空；既能安然眼前的苟且，也能拥有诗意的远方。

以专注做事为目标，是人生制胜的法宝

1

表妹琳琳大学毕业找第一份工作时，岗位竞争非常激烈，一轮笔试两轮面试之后，单位给出来的结论是五选一，最后一轮竞选时，单位始终没有给出最终意见。

按我舅舅的理解，这个时候应该他出面，请表妹单位的领导吃个饭喝个酒，席间让表妹见见领导，争取给领导留个好印象。

没等舅舅请客，表妹竞争单位的主管领导竟然主动给表妹打电话，说是请她和另外几个竞争者一起去吃饭。

舅舅很讶异地问表妹："就只是请你们吃饭而已吗？"

表妹点头："主管说就只是吃饭，什么人也不带，就是我们几个人。"

虽然表妹这样说，舅舅、舅妈还是如临大敌，叮嘱了表妹很多餐桌上的礼仪，还让她多说点儿领导的好话，用曲线救国的方式为自己加分。

表妹平时就有些木讷，席间大家都在恭维那个主管领导，只有她一个人坐在旁边没有说话。饭毕，主管领导没有说什么，只是礼貌地让她们每一个人写一篇对公司某项新产品的建议，并发到邮箱里。

其他人都随声附和地夸着公司的产品，只有表妹一声不吭。

回到家时，舅舅、舅妈让表妹把公司产品一个劲地往好里面夸，但是表妹并没有听他们的建议，而是一板一眼地把自己对该产品的认知，同其他公司的产品优劣比较了一番，随后认真地写了一篇分析报告，同时还对产品市场做了一些简单的预测。

邮件发过去几天后，公司人事部门就给表妹打电话，邀请她过去面谈。主管领导一项一项地和她分析着报告里的意见，临走的时候，主管领导告诉表妹，虽然她不是这几个竞争者中最聪明的，也不是学历最高的，但是他还是决定录取她，让她成为自己的助手。

他把表妹送出办公室的门时，问了她一句题外话："你为什么不像大多数人一样恭维公司的产品呢？"

表妹认真地回答说："我觉得一个公司要盈利，不是靠夸奖和恭维，而是要符合消费者的心理需求。"

主管领导笑了笑，告诉表妹说："你被录取了。人要学会夸奖别人，但是也要知道，夸奖的前提是建立在真实客观的基础上的。真实客观地对待一件事，尽自己的力量把它做好，才是真正的捷径。"

2

表妹的经历让我想起公司里的一个人缘不太好的同事。他不太参与办公室同事之间的聊天和人情往来。当大多数同事经常向其他同事炫耀自己人缘好，认识多少个名人，见过多少个大牛，某某大公司的项目负责人是自己的发小，某某国际集团的分部经理是自己的熟人时，他都默默埋头做着自己的事。

公司同事聚餐的时候，除非必要，他一般也不怎么参与。我刚进公司的时候，就听到过很多关于他的坏话，像"这个人不怎么好相处，有什么事尽量不要麻烦他"等。

半年后，公司派几个同事去谈一笔销售业务。在交谈过程中，对方公司的几个负责人全程都礼貌客气，但就是对我们公司的报价一直是不置可否的态度，不管表面怎么讨好赔笑，就是不松口。

到介绍和展示产品环节，对方问了很多细节上的专业问题，大部分同事一个都答不上来，尤其是涉及国外技术的部分细节。只有那个"不太好相处"的同事操着一口熟练的英语，对客户的问题对答如流，且将国外现行的技术标准解释得极为详尽。同时，他还比较了好几种技术产品参数，并一一给甲方做了演示。末了，他又提供了几套附赠技术指导的优惠方案让客户选择，看起来既有诱惑力，又不至于让公司让利太多。

靠他一人之力，公司最后拿下了这个项目。后来他升职到我们部门做领导时，有一次谈话中，我主动问起这件事。他告诉我："职场上唯一的评价标准就是你能不能把事办好。搞好同事关系固然重要，但真正厉害的人，是既能高得上去，也能低得下来的人。如果能搞关系又有业务能力当然最好，但是一个人毕竟精力有限，如果只能选一样，我会优先选择业务能力。"

其实，我身边有很多人，从上学开始就受到父母那种"出了社会一定要和他人搞好关系，不要变成一个只会一根筋念书的书呆子"的洗脑教育。和别人搞好关系，这本身并没有什么错，只是从20世纪走过来的很多父母，过分放大了迎合领导喜好、努力搞好人际关系在工作中的作用。

事实上，在我自己经历的这几个公司里，每次公司要裁员时，首先出局的肯定就是那些没什么办事能力的好好先生。更刷新我认知的是，在有的公司里，真正的牛人，甚至可以为所欲为。在有的公司里，那些技术能手，还会被老板"哄着"干活。

3

在学校里只需要学习，在工作中要学会搞好人际关系，这是一种简单的固化思维。这种思维模式把一个人本应该连贯的成长过程，人为地按社会需求分割成了不同部分。

一个人对自我生活的掌控感和自信感，应该是逐渐成长的。这种成长，源于自己不断提升的专业水平，源于自己处理复杂事物的能力。一个人在工作上的价值感，应该来源于他的核心竞争力，这样才能保证他的工作效率。培养这些品质，是一个长期、连贯的过程，要真正达标，过程里需要有不被外物干扰的坚定心智。

电视连续剧中宫斗剧和职场剧很受年轻人的欢迎，很多剧中情节都在模拟着想象中的人际纷争，有意无意地传达着各种手段和阴谋在生活与工作中的重要性。其实，真实的人生远没有影视剧中那样风起云涌，大部分时间里，大家都是平静地各司其职。所以，这个世界最常态的状态才是我们应该努力的方向，因为常态需要的，是那种能踏踏实实把一件事认真办好的人。不管是学习还是工作，以专注做事为目标，集中精力把当下核心任务完成的人，总是会成为团队中成长最快的人。

想法越单纯时，人才会觉得越快乐。当我们仅止于努力把自己融入他人组建的团体里时，可能会事倍功半；而当我们一直专注于把事做好时，我们会发现，总能在自己所在的高度里，找到我们的同道者。

当我们认清生活的本质时，才不会被世俗纷扰带来的多余情绪干扰。当我们投入地做一件事时，才会从这个世界感觉到积极、向上、简单、纯粹的力量，才会抚平自己内心的那些虚无，充实自己的人生。

专注于把事情做好，才是人生制胜的法宝。

置身需要你全力奔跑的环境里，
是加速成功的秘诀

1

侄女放暑假的时候，拿着我的手机打游戏。这个游戏是分局赛制，每一次都和几个 APP 里设置好的 AI 比赛。玩了一会儿，小姑娘就生气地把手机扔到一边说："不玩了不玩了！这个游戏太难了，怎么打我都过不了关。"

我回头一看，小姑娘选择的是困难模式，难怪总是刚开了个头就结束了。

我帮她切换到了简易模式，这一次，小姑娘操纵的小人很顺利就通关了。她兴奋地玩了好几局，并且一次比一次分数高，把把都是第一名。玩了一个下午后，侄女的游戏分值始终稳定在500左右，很难再突破了。我问她："要不然再切换到困难模式试试？"她点点头，埋头钻研着困难模式的通关技巧，找各种方法，一点点前进，每一次都争取比上一次再多加一两分。到晚上，她突然告诉我，自己操作困难模式后，原来的简易模式每一局竟然可以打到700分了。

小姑娘的事让我想起了一件事——如果把奋斗的历程看成是一场通关游戏，哪怕你在简易模式中每一局都赢，也不要沉迷于简易的环境，因为它会限制你的成长速度，阻碍你所能抵达的上限。

2

我朋友曾给我讲过他在上一个公司的经历。

他初进公司时，老东家的口碑在国内数一数二。他们项目组里是一群充满激情的年轻人，踏实肯干，每天晚上八九点时仍在公司加班。遇到什么技术难关时，大家就一起讨论；产品研发上有什么新的突破时，大家也会互相请教学习。办公室里永远都是昂扬向上的姿态，他也充满了学习的激情。

　　为了保持跟大家同步的节奏，他每天下班都会抽出一定的时间用来学习，上网站看相关产品的最新技术，甚至还在同事自发组织去国外旅游时，找机会参观同类型公司的技术展示会。

　　他记得最清楚的是，有一次他刚拿下了一个大客户，马上就有同事来向他求教，问他在客户产品上是如何规划思路的，销售细节上的进度又是如何推进的等等。同事一边咨询一边用笔记录，以便带回到自己的小组里再学习。

　　可惜好景不长，不久后，总公司空降了一名领导来他们分部后，第一件事就是照章执行各种制度，极大地限制了公司原来自由交流的生态，他们几个技术能力强的同事受不了这种限制纷纷离职后，公司再也没有那种相互之间自由竞争、彼此积极促进的氛围了。

　　他在几个同事离职后，也向公司提了辞职申请。他说，虽然公司现在的环境很安逸，工资待遇也还不错，可是他现在正当奋斗的年龄，宁可在牛人中垫底，也不想在一群混日子的人中做骨干。

　　他的经历让我想起了同学在毕业后两次考研失败的经历，他说："每次看到考研分数的时候，我都好怀念大学宿舍。因为大学宿舍里住的人全都是学霸，跟着他们这些能严格要求自己的人一起自习，我不用太刻意，就会开启天然的学霸模式。可是在现在的工作环境里到处都是懒散的人，自己也在不知不觉中被环境同化，导致现在考个初级证书都觉得难得要命。"

其实，把自己主动置身于需要不停努力才能跟得上整体节奏的环境里，是对自己人生的被动加速。我们最终能把自己塑造成什么样子，选择与什么样的人同行很关键。

把一个人放在动起来的跑步机上，再懒的人也会跑。把一个人放在一群每天都处在困难模式的人群里，他也会自然而然地形成努力向前追赶，不停自我提高的心理暗示。

3

"间歇性踌躇满志，持续性混吃等死"这句话很流行，说明追逐安逸是人生的常态。可大多数人不知道的是，人的本能里除了惰性还有上进性。再懒惰的人，也有想上进的时候。在养成优秀习惯的过程中，榜样的力量是无穷的。如果周围的人每天聊的都是"明天吃什么""晚上看什么剧"，你也会被这种环境感染。如果周围的人每天都能给你提供新的思路、新的想法、新的创意，你也会不自觉地为自己所知太少而感到惭愧，迫切地想要抓紧时间学一点儿新的东西。

我见过很多年轻人，刚一毕业，就渴望置身于一个安逸稳定的环境中，在工作上，希望不用逃离自己的舒适区域就能混个终生旱涝保收。有几次，我看到几个亲戚家弟弟妹妹拿到的公司offer很不错，奋斗几年就能达到一个高水平，但他们还是宁愿回小地方做事业单位里文员。

其实，环境已经不能给自己提供学习的动力，他们却因为自己恐惧竞争而不敢改变。这其实是种典型的固化思维，宁可降低自己的生活层次，也不想参与竞争。

其实，越是想逃离竞争，人的内心就会越觉得焦虑，就会越来越恐慌生活的变故。

记得有一段时间，微博里有一个热门话题，说的是一名有裁员危险的高速路收费员。话题的主要内容是"我四十岁了，除了在高速路上收费别的什么都不会"。其实，高速路上收费曾经也是很多人眼中的一份安定清闲的工作，不需要思考，也不需要竞争，只是这种安逸在生活变故的冲击下失衡了而已。

但这个收费员的身上若没有这种反差感，而是一直都处在磨砺自我技能的竞争中，她就不会如此恐慌。

其实，从整个人生的维度上来说，竞争永远都是存在的。

每个人都渴望获得更优质的资源，每个人都渴望得到更好的待遇，过上更好的生活。

4

我们要知道，当我们安逸时，还有无数的人正在奋力拼搏着。这个世界不会因为我们想安逸就停止变化。它原本就是这样富于动态的，一个人想从变化的世界里找到安逸不太可能。大部分人渴望的安逸，都有可能会和高速路收费员一样，在世界的飞速变化下失衡，这种失衡的可能性，是我们潜意识中焦虑的根源。

摆脱这种焦虑的方式，是跟上这个世界变化的节奏，甚至具备"超前意识"。当我们这样做时，其实相当于是把自己置放于困难模式下，如果我们能不停激发自己的潜能，在艰难的工作环境下加速奔跑，我们的血液就会一直鲜活，我们的思想就会和这个世界一起变化，我们的眼界也会一直处于潮流前端，不会担心自己被这个世界所抛弃。

如果一直处于安逸稳定的简易模式之中，我们可能会在环境的影响下不自觉地放低自己的要求。《乌合之众》中说过，人很难和集体对抗。这种环境的影响力会消磨我们主动学习的能力，耗费掉我们本该去奋斗的大好年华。等我们垂垂老矣时，一切都已经来不及了。

优秀是一种习惯。这种习惯是一种长期训练。它需要自我的坚持，更离不开环境。人是内心与外部环境的复杂结合体，一个人，自制力再强，也肯定有被自己打败的时候。但是，如果有人监督着自己，结果就可能不一样了。

在同行人和自己共同营造的那种努力奋斗的环境里，只要适度坚持，就会潜移默化地被优秀的思考习惯和行为方式所改变。等我们慢慢对这个世界有足够深刻的理解，再回顾我们的历程时，我们才会发现，在不知不觉中，我们已经超过了很多人。

好的合作关系里，是找盟友而不是交朋友

1

朋友小 L 从刚进大学开始，她们班上就有个她的死对头小 C。

说是死对头其实也不完全准确，小 C 并没有什么得罪小 L 的地方，只不过是她得一个钢琴上的奖，小 C 就拿一个小提琴的奖；她参加一个英语比赛，小 C 就参加一个法语比赛；她毕业后进了一家前途光明的大公司，小 C 也进了一家效益不错的事业单位。

用小 L 的话说就是，小 C 这个人的存在，总会让她生出一种"既生瑜，何生亮"的感慨，有些明明可以归她独享的赞誉，因

为小C用同样的优秀一映照，自己的那种兴奋感和骄傲感就少了一半。

对于小L的这种敌意，小C明显能感觉到。在学校的时候，虽然两人的宿舍离得很近，但是两人除了绝对必要的时刻，几乎不怎么说话，到后来甚至发展到相互之间照面也不打招呼的地步。

毕业之后，两个人本以为不会再有交集，但是小L转岗时，被分到了公司的融资部做主任，小C恰好是她们公司合作的一家银行的信贷经理。因为小L的公司有个项目需要融资，领导告诉小L，既然她和小C是同一所学校毕业的，和小C沟通起来应该也比其他同事要容易些，便将这个项目交给了小L负责。

小L当时就欲哭无泪地找我吐槽——她讨厌小C，一点儿也不想跟小C合作。我说，没办法，大家都是成年人，你总不能因为自己的嫉妒心就和钱过不去吧。

痛定思痛，小L还是主动给小C打了个电话，非常礼貌地陈述了公司项目的情况，并且邀请小C出来喝茶聊天。小C委婉地拒绝了小L的喝茶请求，并从公司的资产负债、现金流、速动率等各个刁钻的角度向小L提了很多专业问题。

小L一边诅咒着小C，一边又不希望被小C看不起。为了解答小C提出的疑问和小C所在单位的要求，小L重新整理了公司的各项报表，同时写了详尽的财务分析报告和风险应对措施等。整套流程中，小C时不时会提出各种专业的质疑。每一次小C发现问题时，小L就要查漏补缺，重新进行分析调查。到融资材料做完时，她发现自己不仅对这个新项目的财务预算情况已经非常了解，还对整个公司的财务运行状况了解清楚了。

有了这样的底气，小L公司的项目顺利通过了考核答辩。这一次，小L终于服气地告诉我，小C在审计方面确实非常专业，如果不是小C，她也不会在这么短的时间内就找到整理各项融资材料的关键点。经过了这次合作，她也明白了，在好的合作状态里，需要的并不是朋友，而是专业技能上的相互匹配和势均力敌的盟友。即使她跟小C永远也不能成为朋友，但如果有机会，她还是会跟小C继续合作。

很多人在日常生活和工作中，都会有我朋友小L刚开始出现的那种非黑即白的认知。因为某个人无法和自己成为朋友就放弃所有和对方合作的可能性，这是一种简单粗暴的固化思维。这种认知，类似于我们小时候看电视时总期望能分出"好人""坏人"来，好让我们不加思考就能选择自己的阵营。

这种单方面的自我好恶，在择友的情感判断中或许有用，但绝对不能完全迁移到这个时代的合作中来。

2

记得前同事小高在广州上班时，曾很热心地帮她的一个朋友丽丽介绍工作。本来老板一开始并不太想招她的朋友丽丽，但因为小高平时的业务能力还算不错，本着培训新人的想法，就让小高带着她朋友丽丽先熟悉公司的产品和客户。

没想到的是，丽丽做朋友很热心，但在工作上却是个几乎没什么自我要求的人。小高每次向她介绍公司产品特性和主要客户的采购情况时，丽丽要不一边照镜子一边化妆，要不还没听到三分钟就开始跟小高抱怨："哎呀，这里面需要我记住的东西实在太多了，你知道，我在学校成绩就不好，这么多我怎么记得住啊！"

听完了丽丽的抱怨，小高只能作罢，收起了想要教丽丽业务知识的心思。

但是丽丽也并非全无好处，每次小高加班晚回家时，丽丽就会主动给小高留饭留菜，热在保温锅里等小高回来。她和别的同事出去逛街买了什么好吃的，也会给小高带一份。

本来两人一直延续这样的模式也没什么，但是丽丽来了之后，老板分配给小高所在部门的业务量加重了一些。组里的其他成员，对丽丽有了一些意见，因为丽丽是小高带来的，同事们进而也对小高也有了意见。

某一次，部门出差时，本来该丽丽带的一份文件，却因为她前一天玩得太晚，早上出门匆忙忘记拿了。部门的其他成员一气之下告到了老板那里，这一次，老板没有手软，当即开除了丽丽，而小高所在的部门因为丽丽的重大失误，也被扣发了年终奖。面对同事们的责备，小高特别难过，主动向老板提出了辞职。

在她离开前，老板惋惜地告诉小高："有时候，可靠的朋友，不一定就是工作上好的合作伙伴。"

这个世界上有很多人，尤其是很多刚毕业的学生，在寻求合作伙伴时，都不是找盟友的思维，而是和小高一样，倾向于把不熟悉业务也不适合这个岗位的朋友拉进来和自己合作。

3

其实，倾向于和朋友合作，本来是我们的本能。每个人的潜意识里，都会不自觉地认为熟悉的东西更安全，朋友正是我们情感认知中的熟人，所以我们会下意识地首先考虑和朋友合作。但是，真正对合作关系有着深度理解、心智成熟的人会知道，职业合作的首要考察目标应该是一个人的综合能力，而不是这个人与自己的情感关系。

最好的合作关系，是盟友。只要我们想一想，就能明白这个道理——在同样热情，或是具备同样能力的群体里找盟友是一个高效而且便捷的方法。致力把朋友拉入我们的职业里，或是希冀把朋友培训成一个和我们具备同样能力和爱好的人，是一种情感上的惯性和安全本能带来的思维误区。

事实上，不单是工作，我们身处的这个时代已经越来越趋向于向陌生人社会发展。当下这个时代里，我们和陌生人的合作会越来越多，这其中的大部分合作，都是基于技能交换而不是情感。就连我们看的电影、电视剧里，也不再只有一个主角，而是越来越倾向于刻画技能各异的代表人物组成的群像。这些主角和主角之间不一定都是朋友，有的也是刚认识，有的彼此之间甚至还是仇人。这些个人情感，从来都不会阻碍他们的合作关系，也不会成为他们不能达成临时联盟的阻碍，最多只能算是一点儿调剂故事的边角料。

　　最好的合作关系，不是感情用事，也不是把朋友变成同事，把同事变成朋友，而是就事论事的客观的评价，找到能和自己合作的盟友。只有这样，我们才会有把一件事做好的保障，也会得到自我反思的观照。

总有一种自己在被人利用的感觉？那就对了

1

去年年底，我在网上认识了一个刚工作的小姑娘，大约是工作不顺，她每次找我聊天的内容大都是吐槽工作和老板。

例如她自己明明不会PS，但因为PPT配图上要改几个字，老板就非要让她自己想办法搞定；再比如去财务报销时，她觉得自己已经在文件签呈里把几项开支罗列得很清楚，但是老板非要让她把报销凭证按照会计规范填完善，常常要被打回来重填好几次；再比如平时写工作总结，她觉得自己已经把事情的经过写得很清楚了，但是老板看过之后，但凡是有语言文字甚至格式不规范的地方，也会让她重新修改。因为这些工作上的旁枝末节，她几乎没什么时间和朋友出去玩，看起来就像除了睡觉之外所有的时间都在工作。

"什么嘛，明明他有设计人员和财务人员，还非要占用我的时间，分明就是看我是刚毕业的新人，好欺负一些。"她在网上向我抱怨着。

"那你老板工作能力强吗？"我问她。

"那当然。"小姑娘惊叹地肯定，"老板简直是文理兼备，他的数字感觉和逻辑感特别好；财务报表看过一遍就能指出关键问题，比很多专业会计师还厉害；业余也有很多爱好，每一样都相当专业，除此之外，他家庭也照顾得特别好。"

"那你为什么不跟着他好好学呢？"我反问了一句。

这一次，小姑娘犹豫了一会儿才说："那怎么可以呢！我又不是中文专业毕业的，要那么严格的语言规范干什么？再说填报销单，我每个月就这点儿工资，难道为了报销费用还得学个会计专业吗？再说了，哪个老板不是资本家啊！我学得越多，他让我干的活就越多，我就越会被他压榨，一直为他创造剩余价值；如果我不会做，那他自然而然就只能安排别人干了。"

看着小姑娘的这一通长篇大论，我告诉她说，我明白你为什么会一直向我抱怨工资低了，因为你还是处在固化思维里，压根就未跳出过自己文员这个岗位的设定，更没有一种要从高处俯瞰自己人生的理想。

小姑娘的想法和我的好几个朋友都很类似。他们毕业后，一年内待了好几家公司，理由全部都是觉得自己在工作中要学要做的东西太多，一旦开了这个头，总有一种以后这件事就会变成自己的分内工作，有种随时会防止被公司和上司利用的警觉。

2

这件事让我想起了我住在国外的表姐。受原生家庭的条件限制，她勉勉强强读完了本科就开始四处找工作。

她并非毕业于热门专业，成绩也不突出，唯一的优点就是性格特别好，但凡公司安排下来的任务，不管主管领导需不需要反馈和检查，她都会用一丝不苟的态度去要求自己。遇到工作中自己不了解的部分，她就主动请教，还经常看书学习相关的专业知识。

在这样坚持阅读学习的习惯和日常工作实践的结合下，她学的东西很快就能得到反馈。她弄不懂的地方，除了咨询别人，自己也会主动在网上查阅资料，一直到弄通弄懂才罢休。几年下来，她考了好几个专业证书，对整个公司的运营逻辑、运营方法、产品的市场方向也有了很多自己的见解和看法。

在表姐工作技能娴熟，能独当一面后，某一次，一个朋友听说了她的能力，给她介绍了一个和大公司的合作业务。她洽谈之后，发现以她现有的资源，这个业务就算是她自己私下接下来，也是可以完成的，无非就是完成的时间久一点，难度大一点，但是并不是不能做。但是她并没有这样做，考虑到是和对方第一次合作，她详细地介绍了公司的状况，希望能帮公司谈下客户的这次合作。

客户在听了表姐的介绍后，希望她免费先帮他们试生产几个样品。她立刻就答应了，并用认真的态度完成了这次免费的试合作。

就这样，在她自己的努力和公司的协助下，她和客户的第一次合作得非常好。她敬业的态度让客户十分欣赏，并由此达成了长期合作的协议，她的工资也因此而水涨船高。再后来，她离职的时候，在新工作岗位上，原来合作的客户找到了她，要求和她继续做生意。她就这样靠着不怕被公司利用的精神，积攒了很多客户资源，后来她辞职创业时，轻轻松松就有了一批客户资源。

表姐的经历，让我想起了一句话：性格即是命运。工作伊始，她从没有害怕过自己会为他人作嫁衣，也曾害怕被别人利用，始终坚守要对得起自己的初心，最终反而成为了别人眼中的人生赢家。

3

因为害怕被人利用而放弃学习和自我提升，是从思维上给自己的人生设限。事事要占上风的人，很难真心获得别人的赞赏。

其实，有时候我们不妨从反向思维的角度来思考一下这个问题——若是我们从来不进行自我提升，这个世界上也没人愿意利用我们，这样的人生里，又能有多少价值？

曾经有人做过一个调查，当他问那些学生他们学习是为了谁时，百分之八十的人告诉他，他们学习是为了自己，那些早慧一点儿的还会说多学习可以改变自己的命运。但当他调查那些在职人员时，却得到了完全不同的回答："好多年没学习过了，工作太累，下班后完全不想看书，提升了职业技能之后也很难加工资，都是给老板白白打工。"

很显然，大部分活在惯性思维里的人都把工作岗位和自己的人生看成了一个静止的状态，没有多角度和逆向思考的能力。其实，被人要求，被人利用，是大部分人谋生时的人生常态。只要我们还有谋生的需求，就或多或少会被别人利用。这种利用，其实说白了，是一种资源交换。我们越强大，在这样的交换中才越能占据主动的位置。所以，能摆脱这种被别人"利用"的命运的人，一定是那些安于被人利用，但又懂得在束缚和要求中进行自我提升的人。

这个时代的成功，已经是一项靠多人合力才能实现的成就。因为一个人的精力是有限的，最终能走向长远的人，能学会把自己看成节点，不断地去连接那些比他自己更厉害的人，和他们进行认知、价值交换。这些交换，很可能需要我们学会迁就别人，学会合理让渡自己部分利益，换取我们自己可利用的资源，是当下时代与人合作的真谛，也是每个能登高远行之人的必经之途。

我一直认为，人生路上，不怕被利用，只怕没价值。真正有意义的人生，要先有厚度，然后才会有高度。真正有质感的人生，是和这个世界交互的同时又保持自己的独立性。记住，真正的人才，不是在一个公司里跟老板死磕工资，生怕自己被老板利用的人，而是一个强大到不管走到哪都有资格对老板提要求的人。

那些错把自私当率性的人，后来都怎样了

1

　　很多公众号里都提过关于"熊孩子"的事，但是有一个关于"熊孩子"的故事，令我印象最为深刻。

　　这个"熊孩子"其实已经不是孩子了。他的故事开始于三十年后，是由他的父母讲出来的，原因是他们为了躲避自己的孩子，不得已逃到另外一个城市，在这个城市里忽遇自己的老友，于是一把鼻涕一把眼泪向他哭诉，自己的儿子是如何一步步沦为"残次品"的。

　　据这个"熊孩子"的父母说，记得他们的儿子刚出生的时候，他的外公外婆、爷爷奶奶加上他们夫妻俩，六个大人一起

带一个小孩。孩子像是在蜜罐里泡着一样，从生下来开始，就没遭过半点儿罪，受过半点儿委屈。每天都有一大堆长辈抢着抱他，以至于四岁的时候吃饭还要人喂，到七岁上小学了自己还不会系鞋带穿衣服。一直到小学六年级毕业要升初中时，书包还要爷爷奶奶替他背。

他儿子一出生，就自然而然成了家里的核心。但凡他想要干什么，全家人就得跟着干什么。

他要骑马，爷爷和外公趴在地上给他当马骑；他要看动画片，奶奶和外婆就得跟着他一起看唐老鸭；想吃什么，半夜也得出去买，不买就闹到天亮；无论干成什么事情，都要给他奖励，不给奖励就会哭到给为止。

宠到读初中的时候，他儿子的以自我为中心换成了另一种形式——听不得一点儿批评。家里人谁也不能批评他，谁要是敢说他一句不好，他就立刻就沉着脸发脾气，发完脾气，把自己关在屋子里不出来，没精打采，不吃不喝。送去医院，医生说是抑郁的前兆。这下可好了，他儿子在家时，长辈们说话就像跟领导汇报一样小心，一不注意让他不高兴，他的脸立刻就变了，然后就又忧郁了。一忧郁，就要看医生吃药，几个星期不能上课。

为了让他儿子开心，快点治好他的"忧郁症"他们夫妻俩每月工资加起来才一千时，就能花五百给他买名牌运动鞋。

好不容易对付到高中毕业，他儿子成绩太差，连本科也没考上。他们只能花钱让他上了个三流大学的专科。可惜上大学也没怎么读书，全用来搞对象了。大学毕业，他儿子闹着要出国，家里没钱，几个长辈合计了一下，就把房子卖了。可是孩子原本上学时就没怎么认真学习过，因为英文太差，连最低的雅思托福标准都达不到，被好几个学校拒绝了。

没办法，他儿子最后的出路就只有找工作。可是无奈学历不够，家里又没有什么背景，他儿子也找不到什么正经工作，换工作就像换衣服一样频繁，没有一次能做过三个月的。无论到哪个单位上班，只要待得不舒服了，马上就辞职回家。长辈只要对他流露出一点不满，他立刻就顶嘴："你们懂什么？人活着就这么短短几十年，就是要率性而为！"

就这样，几个长辈的退休工资也几乎都让他花了。待爷爷奶奶去世后，没钱花了，他的抑郁也一下子就好了。但这时候他儿子学会了喝酒耍酒疯。一天喝两顿，每天一斤多。喝醉了，就骂他们夫妻俩。指着父母鼻子骂道，我怎么就生在你们这个家？你们要知识没知识，要钱没钱，要势没势，你们生我干吗？

在文章的最后，他告诉那个公众号的作者说，为了自保，他们只能躲在他儿子找不到的城市里，省得连养老钱也被他败光了。

这个故事里的那个"熊孩子"，是一个典型的将自私自利当成率性而为的人。显而易见，他的前半生过得太轻慢、太顺遂、太浮躁，所以他注定了要用后半生的痛苦为自己的前半生的堕落买单。他的事，正应了李敖老师的那句话：怕吃苦，吃一辈子；不怕苦，只吃半辈子。

2

人在年轻的时候吃一点儿苦，受一点儿社会规则的束缚，并不见得是什么坏事。在本该受到约束的时候被过度保护，就会在该懂事的年纪失去懂事的机会。

过度放纵自己的欲望，缺乏对自我欲望的必要管理，也是很多带有固化思维的人的常态。因为，很多刚毕业的学生，不论是从思想还是从心态上，都有着依靠父母的习惯，他们和故事里的那个熊孩子一样，本能地认为只要父母在，自己就永远都会有退路。他们最大的特点就是只能在他人和外界条件约束之下才能约束自己，一旦脱离了他人和外界的约束，立刻就会放任自己的欲望，完全意识不到这个世界的基本法则。

比如，我曾经在网上看到过一个主妇的控诉：自己的老公明明已经四十多岁了，还有两个孩子，但还是天天赌博打游戏，缺钱了就偷刷她的信用卡。她一个人拼死拼活，好不容易还完了十几万的债务，结果她老公又偷偷去借了十几万的高利贷。知道这件事后，她天天以泪洗面，要不是可怜两个孩子，她早就和他离婚了。

看下面网友的回复才知道，后来她老公因为欠下高额赌债，一直到现在还过着东躲西藏的日子。

所有的率性而为，都必须建立在理解并遵守这个世界的基本法则之上，承担属于自己该承担的那份基本责任。适当的率性是活力，过度的率性是堕落，也是对自己人生和他人情感的伤害。

3

我常常听一些年轻人说，青春就是用来浪费的，当然要想干什么就干什么。不，这是一种典型的被标签和口号影响了的固化思维。被浪费过的青春还能翻盘，只存在于青春偶像剧和电影里。

属于普通人范畴的你我，若想要实现自己的价值，必须得基于适当的自我约束，和有意识地自我教育。虽然人不一定在年轻时就非要表现多么优秀，但是如果年轻时就能约束自我，今后的成长会顺利得多。

毕竟，这个世界自有它守恒的规则，那些错把自私当率性的人，大部分都跌得很重。

没人愿意无条件地帮你，是这个世界的常态

1

我有个朋友，她孩子刚出生时，她找一个在德国读书的同学帮自己代购几罐婴儿奶粉。

彼时我朋友的那个在德国的同学还在上学，逛街的时间并不太多，虽然最后还是帮我朋友买了奶粉，但是在持续了半年之后，终于忍不住在朋友圈里吐槽——大概意思是说，现在的人实在是太没有界限感了，明明知道她在考试季，还总是催她帮忙带东西。

我朋友当时也看到了这条朋友圈，她什么也没说，只是默默地屏蔽掉了这个在德国读书的同学。

又过了几年，朋友生二胎的时候，她那个德国同学居然主动打电话来问她要不要买奶粉。她有些惊讶，那个德国同学解释说，她现在已经毕业工作了，在做职业代购，如果朋友还有需要，她会给朋友打折。

朋友一开始就义愤填膺地冷着脸挂了电话，但是货比三家之后，发现她这个德国同学的代购算是最物美价廉的，几乎没有赚什么差价，只是额外收了一些辛苦费。

朋友权衡了几天之后，还是给她那个德国同学回了一个电话，告诉了她自己需要的奶粉数量。对方跟她确认了品牌和价格之后，很快就把货发给了我朋友，并发微信向我朋友解释说：自己原来是个学生时，几乎没有接触过这方面的信息，所以不能给我朋友提供代购帮助也是正常合理的，但是现在她们是等价交换了，她会在价钱合理的范围内给我朋友提供她力所能及的服务。

我朋友把这件事告诉我时，我说，反过来想想，其实这样也不错，花钱享受等价的服务，这样的事情对双方都有利，也才能长久。如果总是在无条件地享受别人的帮助，一个人总欠着另一个人的人情，这件事未必就能健康顺利地往下进行，就算你那个德国同学愿意，帮忙的次数太多，你也不一定好意思开口，还不如进行这种有条件的交换呢。

我朋友也同意，确实如此，其实没有人愿意一直无条件地帮助别人，双赢才是一种对彼此都有效的激励，这样的话，双方才有兴趣将这件事继续合作下去。

2

朋友的经历，让我想起了自己刚入职时的情景。入职的前半年，工作上的很多事情我都不懂，日常工作开展得也不太顺利。有时候，领导交代我第二天要做的事情，我自己不太想做，就用邮件把工作内容发给男朋友，让他帮我搜集各类资料，甚至有时候一些需要做PPT的地方，我也会打电话让他帮我做好，然后发到我邮箱里。

后来某一次，我让他帮我处理一个报告中的数据时，他当天答应我了，但第二天要交给领导审核前，我打电话问他为什么没把我要的东西发给我时，他却在电话里告诉我说，他这两天太忙，实在没有办法帮我做，让我自己想办法搞定。

我当即在电话里和他大发脾气，他一句话也没有解释，只是在我即将要挂电话的时候说了一句："这到底是你的工作还是我的工作？如果我真的为你好，我会告诉你，这个世界上不会有人愿意无条件地帮助你。成年人的世界里，没有人帮你才是常态。你只有明确了这一点，才会有自主意识，才会开始学着自己处理自己工作上必须要完成的那些事情。"

赌气挂了电话后，生气归生气，但是领导布置的任务却不能不完成。没办法，我只好自己硬着头皮开始找人处理各种资料，核算项目文案中的各类数据，审核各种信息资料的准确性，一直加班到凌晨，才把项目报告中的各类文件整理完备。

当我自己跑完一遍完整的流程之后，我才真正弄明白领导说的工作中的关键点是哪些方面，同时也理顺了这个项目中的哪些环节是我可以自己优化的，哪些是完全不能改动的。另外，我还知道了环节是必须掌握的核心部分，一点也不能马虎，哪些地方可以不用太过紧张。

自己做过一遍后我才明白，如果我没有摆脱工作上对男朋友的这种习惯性依赖，我就没办法领悟到这些东西。如果我没有认识到无人帮助才是工作中的常态，我也不会下决心从意识上放弃依赖人的思维，靠自己去完成本该由自己完成自己的成长。

这几年，当我每一次想要责怪别人没有帮我的时候，我都会想起那句话：成年人的世界里，没有人帮你才是常态。当我每一次靠自己单独努力地做完那些看起来很难的事情时，我都能感觉到，这种超越不仅让我学到了更多知识，也令我的内心更加强大。

3

其实，不仅是我，这个世界上的很多人都带着"唯我独尊"的潜意识，在内心都渴望着别人能够无条件容忍自己的个性，或是无条件地为自己提供帮助。但在真正的现实世界里，绝大部分人都是有着自己七情六欲的普通人，他们只会关注自己本身的悲欢离合，或是自己的人生轨迹，很难挤出时间看到别人的需求，也很少有人愿意一直无条件地帮助别人。

所以，要想活得更好，我们首先就要从意识中放弃对别人的这种期待。

在学生时代时，我们通过书本了解到的世界，很多都是经过我们自己不完整的认知粉饰和雕琢过的世界。我们在学生时代受到的家庭教育和学校教育告诉我们要与人为善，但对于真实的世界来说，这只是一种理想的状态，而不是一种常态。踏入社会之后，无法理解、不去接受这个世界真实冷酷的一面，是一种学生时代特有的思维惯性。

事实上，在生活里，没有人会一直无条件地帮助我们，就连我们的父母提供给我们的亲缘关系，也有出现意外的时候。不把人情看成常态，才是破釜沉舟靠自己去努力的真正前提。也只有这样，我们才有可能成为一个真正心智开化的人。一个能把自己当成自己的底气，勇敢面对前路风雨的人。

第五章

你思维是什么样子，你的人生就是什么样子

按你自己的节奏成长，它比标准流程靠谱得多

1

某天晚上，朋友忽然从微信上发过来一个很有意思的问题，这个问题是这样的——既然大家都觉得努力向上会过得很好，为什么大部分人还是不情愿努力的平凡人呢？

这个问题，让我想起了上学时遇到的某个学霸。

这位学霸对数学的学习兴趣十分浓烈，他数学学得相当好，经常会有同学向他请教问题。每次同学问他数学题时，他也都会热心地为他们解答。只是每次给别人讲解题目的时候，学霸都会顺口来上一句："从这个步骤往下思考，很显然我们能得出一个这样的结论……"

听他讲解的同学大都一脸懵："这个结论，并没有很显然啊……"

通常情况下，学霸会翻来覆去地为同学讲解，同学也会翻来覆去地听，却无论如何也跟不上对方的思路。后来老师看不下去了，找到那个向学霸求教的同学，让他从更基础的部分学起。

老师解释原因说，因为学霸同学对这门科目的兴趣十分强烈，所以他在学习时非常努力，把许多和数学相关的书籍，甚至包括一些还没有引进到国内的专业书籍都通读了一遍，同时还做了大量的练习题。所以学霸在面对这些问题时，思维是跳跃式的，那些他看一眼就会的东西，大脑会自动省略掉思考的过程。而向他问问题的那个同学，因为没有这样的基础，所以对知识的领悟也就没办法做到学霸的那个层面。

对知识的驾驭，需要一个循序渐进的过程。

2

记得在一本书上看过，知识的精进过程可以分成两种类型，一种是前期突飞猛进，但学了一段时间后，发现这门学科的天花板很高，自己很难触及；另一种是前期进度很慢，但到某一个阶段突然开悟了。但这两种增长知识的方式，都需要漫长的过程，可能一开始的学习体验会让人感到很不舒服。

其实，我们在获取知识的过程中感觉不好的最大原因，和老师解释的原因差不多——很多人基础不好，一眼望去大半都是自己看不懂的东西，思维中的逻辑无法建立。

我们之所以能体悟到关于知识的快乐，是因为随着我们大脑丰富程度的不断增加，思维会越来越连贯，当我们驾驭这种连贯性时，会有一种酣畅淋漓得心应手的感觉。但形成这种感觉需要一个前提——我们的基础积累足够多。

很显然，不管一个人有多聪明，前期基础积累的过程都无法省略。只有"量"的积累达标时，我们的领悟力才会有"质"的变化。每个人完善自己的过程，就是一点一滴的积累和反复练习的过程。

去年，朋友麦麦向我咨询该如何给上小学的孩子挑书时，她说，我孩子基础太差，跟不上老师的节奏。我告诉她说，既然是这样，那你挑书的时候应该更谨慎一些，别管孩子现在是几年级，你应该先从他能看懂的东西里挑，孩子掌握了这些知识后，你再慢慢提升他学习的难度。

其实，不光是麦麦的孩子，每个人最好的成长路径，都应该依照自己本应该有的节奏进行。

3

记得大学时有个同学，父母对她要求十分严格，当初选专业的时候，家里擅自做主给她报了热门的金融专业。每周家里都要打电话查岗，期中期末成绩都必须向家里汇报。其实我们都知道，她的数字感觉并不是太好，专业课程学起来特别吃力。早在上大学之前，她就期待着能学美术专业。她偷偷在外面报了一个美术培训班，又向学校申请了去设计专业旁听，每次家里打电话查岗时，她都伪装成还在上金融课的乖乖女，等父母查完后，她自己又偷偷溜出去学画画，日常考试的成绩单，她都是花钱找人PS好后，再发给自己父母的。大学毕业后，当她父母企图让她活在"下一站该做些什么"的程序里时，她已经离开家去深圳找工作了。

那段时间，她父母几乎整天黑着脸，就好像天塌下来了。他们原本安排好的标准流程，却被女儿的自作主张打乱了，一下子令他们觉得无所适从。一想到女儿竟然瞒着他们去学美术这种无用的专业，便觉得她的未来毫无前途可言，忍不住对她苛责连连。

令他们想不到的是，没过几年股市波动，很多金融从业者一夜之间成了赤贫的人。房地产行业发展迅猛，我同学的设计专业一下子成了热门行业，她不仅业务不断，后来还开了一家自己的工作室。她后来在深圳买了一套自己的房子，把她的父母也一并接了过去。再后来，她父母逢人就夸自己的女儿有出息，完全忘记了他们当初对女儿擅自换专业的事情是多么耿耿于怀。

4

其实，每个人接受信息的能力不一样，学习和工作的方式也应该是多种多样的。

这半年里，有越来越多刚刚毕业或即将毕业的人，在网络上抱怨社会节奏太快，对校园乌托邦之外那一整片蛮荒的现实生活感到恐惧。

其实，这都是因为我们已经认同了主流的标准，还被这种标准绑架了我们自身的独特性。很多带着固化思维的人，容易被这个社会所流行的主流标准洗脑。

譬如很多公众号上说的"二十岁，就成了千万富翁""有房有车的人生，是你想象不到的快乐"等等。

主流标准总喜欢报道那些最优秀的特例，但是这个世界不可能每个人都能成功。

主流标准总喜欢告诉我们什么是最好的，但是最好的，却不一定适合我们本身的节奏。

曾经看到过这样一句话，你为什么过得这么焦虑，因为现在要求每个人都活在"主流标配"里的宣传口号太多了。

我们都迫不及待地想要跟上主流大众的队伍，让本该独一无二的旅程与百分之八十以上的人同步；我们的内心不够强大，容易在责难和恐惧中放弃自己的节奏，选择那些别人想要看到的东西，进入那些常规式的规程和路径。

每个人的基础不一样，每个行业的门槛也不一样。这个世界的丰富性就在于我们大家都有独属于自己的成长节奏，这样我们才能成为真正的完美独立的个体，找到能承载自己修炼方式的那块地基。也只有这样，我们才能成为独一无二的自己，而不至于沦为主流价值观下的某个标签。

每条通往卓越的路，
都没有表面看到的那么简单

1

　　某天和朋友聚餐的时候，无意间谈到了我们几个人公认的一个牛人。其中一个朋友感慨到，有一次和这个牛人一起出差，上午开车去考察，下午奔赴另一个城市开会，吃过晚饭，又要回公司处理日常事务。朋友跟着这个牛人跑了一上午，就开始呵欠连天，到下午牛人还在聚精会神地开会的时候，而他却偷偷趴在桌子上睡着了。

　　朋友告诉我们说，都不知道这位牛人是怎么做到如此精力旺盛的，自己晚上回到家时，全身的骨头都快散架了，而牛人居然还能回到公司加班至深夜。

记得网上曾经流传过马云、王健林的作息时间表，大家耳熟能详的几个商业大佬，几乎个个都是凌晨就出门，半夜才回家。

这些人，看起来就好像是不知疲倦的陀螺，永远都是那种赶场似的工作状态。甚至我有一个朋友在她写过的一篇文章里，近似开玩笑地说："像马云那样，数十年都对工作保持着一种亢奋的状态的劲头实在太难了，一个人能做到这一点，想不成功都难。"

虽说是调侃，但我觉得有一点她说得很对，现实中我见过的很多牛人，虽然性格各异，但是有一点却是惊人的相似——他们大都精力旺盛，能在承受重压的状态下持续进行高强度工作，十几年不间断。

这些人常常会让我联想到日常生活中遇到的很多年轻的学生，在提到那些优秀的人或者那种通俗意义上的成功者时，他们总是会下意识地评价这些人"他们实在太聪明了，所以能看到别人看不到的商机和机遇"。他们都以为，成功需要聪明，只要一个人足够聪明，在很多事情上就不需要花太多的时间，成功只需要一个商机或者机遇就唾手可得。

事实上，和这些成功者同期创业的人有很多，很多人也发现过这些商机，但大部分人都没有坚持下来。

有一项科学研究表明，真正意义上的智商极高或是极低的人，都只占人群总量的一小部分，而这一部分人并非是智商分布的常态，这样的概率微小到几乎可以忽略不计，绝大部分人仍然是普通人，智商大都处于平均水平。

所以，可以这样认为，我们和牛人之间的根本差距，其实不在于智商。或许他们拥有更多资源，见识过更广阔的世界，但若是把我们的奋斗历程放在同样的维度上比较的话，比谁的身体好，谁能投入更多的时间，谁更有足够耐力把一件事坚持下来，这样比较之后你会发现同样一件事，牛人总是比普通人更能坚持到底。

2

《把时间当作朋友》一书里，李笑来老师讲述了钟道隆先生学英语的事。他说，钟老师四十五岁才开始学英语，三年之后就成了高级翻译。钟先生学英语的方法其实并不多么高深厉害，人人皆可模仿，只是不一定人人都有他这样的自制力，肯约束自己，每天晚上都投入大量的学习时间和大量的精力去学习而已。

钟先生在这一点上非常坦率，他说，自己为了学英语，坚持每天听写A4纸20页，不达到目的绝不罢休。他将这个习惯坚持了整整三年，听坏了3部收音机，4部单放机，翻坏了2本字典，写完了不知道多少圆珠笔芯。

长期保持专注的学习状态，非常消耗人的意志力，无法持续严格要求自己的人，是坚持不下来的。

某一次看视频，记者采访一个年少成名的作者，问他当才华和勤奋这两样东西同时摆在他面前时，他会选择什么。他毫不犹豫地回答说，自己一定会选择勤奋。后来他解释原因说，这个世界上有才华的人有很多，而能在有才的基础上还不停锤炼自己的人，才能获得成功。

其实，很多人的人生，并不是赢在起点，而是赢在耐力。

3

记得在阅读《曾国藩的正面与侧面》时发现，一个人变优秀的过程，是一段整个人生层面上的长跑。这个自我修炼的过程，更像是一场反反复复的拉锯战，所有人都是在失败与挫折中不断修正，不断成长的。

他写到曾国藩戒除自己的不良嗜好时，说他会每天坚持在日记中自我反省，提醒自己不要犯戒，一直到自己完全戒除了不良嗜好。

他写曾国藩为了改掉自己性格中贪图享乐的那一面时，会长期反复地锤炼自己抵御诱惑的意志力，记录下哪些交往和娱乐对自己来说是必要的，哪些娱乐是没有什么必要的。这样反反复复坚持几年后，他终于改掉了这一恶习。

事实上，人在变优秀的过程中，是不可能一帆风顺的，更不可能毕其功于一役。在自我完善的过程中，一个人肯定会经受无数次的失败与挫折，甚至是倒退。

这只能证明优秀需要聪明，可是优秀不仅仅只是聪明。能明白变优秀需要付出漫长的时间，投入大量的努力，本身就需要极强的领悟力和自控力，这些品质，都是聪明的外在体现。

真正能让自己获得提升的事情，一定是经过痛苦和煎熬的事情。明明知道应该努力，却指望着靠"巧劲儿"和投机取巧成功，这是一种典型的固化思维。发展优秀的习惯，不但需要从兴趣出发，还需要做很多"我们本来没什么兴趣"的枯燥事情。

　　所以，我一度对很多"简便方法"产生过怀疑，因为它们在实际生活中用处并不大。在靠持续努力才能达到的状态里，几乎可以忽略不计。很多年少成名的人，到中年时就开始走下坡路，正是因为他们年少时过度依赖自己的才华，轻视了努力的作用，总希望靠着聪明找到一条捷径，想靠着独家秘诀去赢，或是用战略上的勤奋掩盖战术上的失策。殊不知在这样一个信息化的时代里，想找到所谓的"信息不对称"已经越来越难，就连创新也必须是在到达一定程度之后才能做到的。而要想达到这个程度，就必须花费时间和精力。

　　要想让自己变得更优秀，只能依靠两件事：策略和坚持。而坚持本身就应该是最重要的策略之一。

　　那些为了提升自己而疯狂努力的人，如马云那样优秀的企业家，他们的狂热和亢奋永远只是表象，他们成功的内里不仅仅是"疯狂"，而是持续"疯狂"很多年。

成年人的努力，从来都不是为了做给别人看

1

我刚进大学的时候，有个每次考试都低空飞过及格线的学长告诉我说，大学里的考试没什么难的，文科类的考试，平时上不上课关系不大，只要和老师搞好关系，考前突击一下就能过。

后来他写毕业论文时也是这样——临近交论文的前几天，在网上找了一个论文代写的工作室，给了他们一些钱，就拿着代写的论文去应付导师。

他毕业之后没有继续读研，而是凭着毕业院校顺利地找到了一份还算不错的工作。但到岗之后，他却发现自己有些力不从心：其他人一天就能写完的文案和内容，自己却抓耳挠腮不

知道如何下笔；其他同事一口就能说出来的引文资料，他在大学里压根连翻都没翻过。

在学校里混个及格就算是完成任务的做法，在工作上却对付不过去了。在公司里，每一篇"作业"都要算业绩和任务量，他不能篇篇找人代笔。更郁闷的是，代笔的这些人毕竟也水平有限，充其量只能在学校里应付应付老师，可是在公司里，这些东西直接和公司的收益挂钩，残次品无论如何也是糊弄不了甲方和上级领导的。

可此时就辞职的话，他专业能力不过关，也不一定能再找到和本专业对口且薪水和效益都还算不错的工作；如果让他就此纡尊降贵去做销售和文员，他又太不甘心。就这样勉勉强强在公司里混了一年后，学长终于下定决心专心考研，希望认认真真地努力两年，通过集中突击的办法把自己曾经在大学里荒废的时间补起来。

再见面时，他诚恳地告诉我们说，不管别人有没有要求，不管有没有外界的压力，我们都应该为自己而去努力学习。工作之后他才知道，不懂的地方就是不懂，该补救的地方迟早都要以别的方式还回去。只要对自己还有所要求，什么时候都绕不开自己真正的缺陷，索性还不如早知道的好，也省得像他那样整整耽误了四年时间。

2

无独有偶，后来好友小韵毕业后的工作经历和学长的领悟也有些异曲同工。

小韵在第一家公司上了几个月班之后，发现所在部门的领导平时不太关注工作细节上的问题，主管又是个没有原则的老好人，员工有什么工作上的差错，他都帮着一起补救。在这样的工作氛围下，她有很多同事都借着工作的清闲，上班时间打游戏的打游戏，听歌的听歌，一个成型的模板反复使用，一点儿也不愿意再花脑筋制作新的。这些同事在领导在的时候装出一副努力工作的样子，领导刚一走就纷纷原形毕露。

在这样的工作氛围下，小韵始终还是一丝不苟地坚持着自己的原则——一个职场人应该恪守的基本职业道德精神。但凡涉及她们部门工作上的流程问题和技术问题，她都会去观察市场上新的模型，分析这些样本的优劣之处。甚至有些国外的新产品，她也会托人带一两个回来研究。只要涉及新思路新技术，她能问就问，能查就查，有机会就实践。

这样的态势维持了两年多之后，总公司觉得她所在的这个部门实在效率低下，是个可有可无的鸡肋部门，两年多了没做出什么实际价值和成绩，遂下决心把这个部门撤掉了。

这下她那些已经被日常工作的舒适惯坏的同事都恐慌了起来——公司给的遣散费也就三个月的工资而已，他们未来却还有漫长的路要走，在年龄不上不下的时候重新开始太难，但想要另谋高又没有可以与工作岗位匹配的专业技能。

小韵并没有他们那么着急，这几年她花在专业技能上的心血并没有白费，靠着这些综合优势，她很快就找到了新的工作。

在我们谈到她那些上班听歌打游戏的同事时，她说，很多刚入职的人都有少干活多拿钱的投机心理，他们不想对工作负责，也不想对自己的人生负责。他们之所以能在工作岗位上继续待下去，只是因为找到了攻略领导的"正确方式"。但这样做风险太大了，一旦领导离职或公司有什么变动，他们就失去了竞争能力。

3

她的话让我想起了一个经典问题——既然大家都知道努力

对人生有好处，可为什么还是有那么多人选择了不去努力呢？

　　这是因为，这个世界上有很多没有摆脱固化思维的人，就像我大学的那个学长一样，把努力看成了一种应付老师和家庭的差事。他们不明白什么是自己真正的兴趣，找不到努力的内驱力，只能带着一种完成任务的心态，做到他们工作上所能达到的最低标准。

　　真正的努力是发自内心地自我鞭策。它不是外在的作秀和表演，它甚至不需要外界的承认，而只需要内在动力。有一句经典台词："出来混，迟早是要还的。"这个"还"字，其实说的就是我们每个人最终都免不了要面对自己，只有自己才知道自己在哪个层次。没有设定自己的目标和人生格局，把所有眼前需要做的事情，都看成一种不得不为的任务，一种需要别人来检验的差事，就无法避免最终随波逐流的宿命。

　　记得有一个坚持健身的人告诉我说，很多人一直在尝试说服自己投入时间和精力去健身，他们看到别人的好身材时都会羡慕，但是他们自己却常常坚持不了多久就失败了。这是因为他们内心深处把健身这件事当成一种障碍，一种随大流的时尚，一种展示自己正在为健康而努力的外在表演，而不是把它当成自己健康生活的很自然的一个部分。

的确，成年人的任何努力，都不是做给别人看的。外在的要求，成不了我们内在的动因。努力去做一件事，应该为了完成我们自己内心的目标而自我要求。

那些为学习某种知识做出的努力，从来都不是为了让别人满意，它应该成为我们丰富自己内在和外在的途径。有一句话叫"每天只努力一点点，未来就会甩你很远"，说得很对。

每个专业所需要的知识不同，努力的方法却都差不多。进取和提升，都需要我们投入时间、精力和决心。真正的努力，不仅仅是获取知识的手段，而是找到属于自己的那套循序渐进的模式，形成自己的求知习惯。若是能做到这点，那么即使知识迭代更新，这套模式也还是会继续延续下去的。不管时代如何变化，那些领悟努力真谛的人，都会循着这套模式攀登新的人生制高点。

最厉害的人，
是一辈子都不会认知固化的那些人

1

有个朋友发了条微博，内容很令人费解，大意是骗子上门，她的父母因为太过于相信别人的保健品推销，因此被骗了好几万块钱。在这条微博的最后，她忍不住抱怨了一句：为什么现在的父母如此固执，宁可相信一个外人也不肯听自己儿女的话呢？

她的抱怨，让我想起了假期时教母亲使用微信的堂妹。她在打开微信后，按照她熟悉的网络术语向她母亲解释着微信的用法，遗憾的是，她一连解释了三遍，她母亲仍然是一脸困惑的模样。

到晚上的时候，她妈妈小心翼翼地给我打了个电话，问我微信界面点开后，怎么跟对方说话，说完了之后应该怎么发送信息，然后再怎么返回到"后母"键。

我一一告诉她之后，第二天上午她又忘记了。这一次，我让我已经可以熟练使用微信的妈妈出马，她只教了一次，堂妹的妈妈就知道该怎么操作了。

堂妹很疑惑地打电话问我妈，她到底用了什么方法，这么快就教会了她妈怎么使用微信。

我主动帮我妈向她解释说，当初教妈妈学习使用手机各类功能的时候，因为她喜欢看电视，所以我依照着电视遥控器的样子去对应那些手机按键，同时画了一张类似于遥控器说明书的图表，一旦她忘记了操作步骤，就可以按照图标上的标识进行操作。

末了，我告诉堂妹，其实教父母使用微信的诀窍很简单，就是你要看到她们和我们的不同。有时候，并非是父母难沟通，而是他们和我们使用的根本不是同一套语言系统。他们仍然停留在他们那个时代的认知里，并因为年龄和心理原因，不像我们这样能快速接受新事物。而身处信息时代的我们早已和这个时代融合在了一起，对这个信息时代的一切都习以为常。所以，要和他们沟通，需要使用他们所熟悉的那套语言系统。

其实，我朋友在微博上控诉的骗子，也并没有多么高明的骗术和手段，他只是用了我们父母熟悉的语言系统，从他们恐惧衰老和即将被这个世界抛弃的角度出发，轻而易举就说服了他们。

在这个世界上，相互理解的前提，就是明白人与人之间的差别，知道世界原本就是多态的。

每个阶段的人，都会在自己的脑海中将自己的认知固化。真正成熟的人，会用宽容、开放的心态看世界，他们知道不能用同一套的思维模式去对待不同层次、不同年龄段的人。

我见过很多刚毕业的学弟学妹们，因为自己年轻，融入这个世界很快，就天然地认为自己所理解的知识和世界是正确的。其实，这种思维方式恰恰是一种尚未成熟的偏见，是未能了解世界丰富性的固化思维。

事实上，每一代人都有每一代人的流行文化，每一代人都有每一代人的认知，在追逐欲望这一点上，其实并没有谁比谁更高明。但真正的长大，是承前启后的，除了看到自己理解的世界，还要看到并且理解过去和未来。

曾经在书上看到过这样一句话：人长大的标志之一，就是我们发现可以责怪的人越来越少，似乎每个人做某些事时，都有自己说不出的苦衷和不得已的理由。其实，这种心态的形成，正是由于你在用开放的心态去理解这个世界的丰富性。看到了生活的本质，就会尊重其他人性格形成的因果，也会宽容别人和我们不一样的地方。

2

有个朋友告诉我，她经过观察发现，往往那些心态越开放、思维越发散的人，学习和接受新事物的能力就越强。那些故步自封，抱定一种观念不撒手的偏执者，就像一潭死水，很难和别人交流，他们本人也没什么进步的空间。究其原因，可能是因为在那些固执己见的人心里，他们认定的东西具备绝对正确性，所以他们从思维上就已经封闭了自己认知新事物的可能性，也关闭了自己进步的通道。

我不止一次在生活中遇见过那些连自己都不知道自己思维已经固化的人。记得有一次，我朋友和她女儿约好了一起去看她女儿偶像的演唱会，临到出票的那天，有一个平日里经常看演唱会的同事告诉她，自己有很丰富的演唱会抢票经验，这样的大型演唱会，一般都会提前放出票已售空的消息，以制造这个开演唱会的明星很红的假象。

听了她同事的话，我朋友当时就有些犹豫，她说，反正这个演唱会迟早也是要看的，即使售空这件事真的是主办方制造的假象，试试提前订票，也无伤大雅。可她那个同事却异常固执地阻拦了她提前购票的想法，她说："你现在买票简直就是给主办方当冤大头。"后来到临场的前几天，她们刷遍了所有的网站都没找到低价出票者，为了满足女儿的心愿，最后只能花高价从别人手里买了两张黄牛票。

其实，若是没有她同事站在经验丰富者的角度上建议，网站上开始卖票的第一天，我朋友和她女儿就能按正常价格买到演唱会的票。他们在这件事里最大的失误，就在于他们没有尝试新的路径，没有尝试和以往思路不同的方法。

具体到每一件事当中时，我们应该知道，即使是很多同质化的事，也会有许多不同的细节，这就需要我们摒弃思维惯性，尝试不同的方法。

3

人丰富自己的过程，是一个需要我们不断试错、不断迭代自己知识和更新固有经验的过程。不同的是，那些成熟的人，试错后会修正，而另外一些人，却只是在不停地重复自己的过去。这样的重复，在看演唱会这类小事上不会致命，但却会形成一种惯性思维，习惯从经验出发而不是针对具体的事情具体分析。

事实上，一个人能走多远，和他的思维息息相关。人的成长过程就是自我固有观念一次次被颠覆的过程，每颠覆一次，人就成长一次。人能不能从试错的过程中成长，要看在这个成长的过程中我们抱着什么样的思想和什么样的心态。没有开放的心态，就无法从比我们更高明的人和书本里学到真正属于我们自己的知识和经验。如果我们总是重复过去的模式而不加以反思，那我们虽然生理年龄不断增长，但心智却不会变成熟，我们增长的可能只是经验而并非智慧。

不停否定自己，是一个很痛苦的过程。因为它的本质是说服自己否定我们已经取得的成绩。但只有在内心深处接纳那些撕裂了我们固有思维的事物，才会让我们慢慢看到世界的多样

221

性，找出自身的不足。这也是为什么成功者永远都是少数人的原因——只有极少数人的思维是真正开放的。但这种真正的开放，是成熟过程中不可或缺的，是真正令我们调试自己、理解世界、重塑思维的前提，也是令我们接近卓越的最好的思维助燃剂。

内心有力量的人，才不会介意偶尔示弱呢

1

某天晚上，陪父母看一个选秀的综艺节目。

选秀节目里的很多参赛者都才艺出众，纷纷在中间的比拼环节使出浑身解数，争取能晋级到下一轮。比赛过程中，有一个人引起了我的注意，她几乎没有什么突出的才艺，在自我陈述和表演时，还显得有些笨笨的。她发挥得并不完美，记者采访她时，她说着说着突然流下了眼泪。

她的突然失态让身边的记者都有些慌神，显然这个环节并非是主办方的刻意安排。她抽泣着接受采访说，虽然参加了这个选秀节目，但她本身只是一个特别普通的女孩，也没有什么

条件去做才艺培训，她只是希望通过这个节目，得到一次成长蜕变的机会。

与她相反的是，另外一些参加节目选秀的姑娘在接受采访时，按照惯例感谢了一大堆人。

我父母叹息道："这个爱哭的姑娘，最后肯定会被淘汰。这是节目，怎么能在人前示弱呢？"

让父母大跌眼镜的是，当主持人宣布投票结果时，这个爱哭的姑娘的得票数居然高居前三，成功晋级到了下一轮。

接下来，这个综艺节目到了日常培训环节。小姑娘在学习才艺的过程中还是一副笨笨的姿态，但是有一点很不错，尽管她经过反复训练之后水平也没有提高多少，但不管网上怎么批评她，她始终都咬牙坚持把不算高水准中的最佳状态展示给观众。

我朋友在和我谈到这件事时说，在当下这个时代，很多人喜欢的就是真实，什么是真实？真实就是不完美。一个人，如果能活出自己最真实的状态，哪怕缺点很多，也能获得别人的原谅。主动袒露自己的缺点，会给人一种真实的感觉。

我说，应该不仅仅只是这样，这个姑娘身上的真实感，带给她一种不完美的坦荡，她知道自己的短板在哪里，但她并不像其他人那样羞于将自己的弱点展示出来，她愿意在众目睽睽下接受和承认自己的缺点，并让别人看到自己为这种短板做出的努力和改变。

只有内心真正有力量的人，才敢于向这个世界示弱。

这个世界上有太多人想掩饰自我，他们会编造各种借口以逃避面对自己身上真正的问题，会羞于向这个世界示弱。胜者为王是他们唯一信奉的标准。"知道自己并不完美""承认自己做不到某些事"对于他们而言，不吝于奇耻大辱。

2

我就遇到过一个处处想超过别人的人。

别人买了一件新衣服，她说："身材那么差，衣服档次再高又有什么用。"

同事的子女考上了一所不错的大学，她阴阳怪气的来一句："考上大学有什么用，清华毕业的也有人找不到工作。"

别人升职加薪了，她说："她能力那么差，谁知道背地里用了什么样手段。"

其实，她这样的姿态，并没有在别人心中留下她活得很高级的印象，反而让别人觉得她盲目自大。

我曾经对她说过，这个世界上并不存在每一方面都胜过别人的人，适当示弱，你会活得轻松一些，也会活得开心一些。

像她这样的人，在日常生活中并不少。我们中间有很多人，在学校里接受到的教育就是勇夺第一，不管在哪个方面，都要力争做到最好。

事实上，这种绝不能输的思维虽然看起来很强大，但仍然是一种暗藏着心虚和自我掩盖的固化思维。这种思维会妨碍我们进步。做到最好，并不是要做到最强。这二者之间，是有差异的。每个人的天赋、基因、性格都有差异，这注定了不可能每个人都赢。每个人都能赢只是一种愿景，但是它是取长补短的前提。事实上，不是每个人到最后都能赢的。输是正常的，不输，我们就无法知道我们到底还有什么地方存在不足。

敢输的人，才是真实的人，勇敢的人，有力量的人。因为他们敢于面对自己的缺憾。

3

有一个知名博主，有一次在写到她朋友时是这样说的——

朋友虽然是已婚状态，但是过得比单身还累，因为她太好胜，从不示弱。在工作上好胜，不做到业绩第一不罢休，她手下的员工离职率一向是最高的；在家庭里也好胜，每个家庭成员都要听她指挥，对老公儿子稍有不满就歇斯底里地发脾气。当她来问我为什么她付出了这么多，到最后大家不仅不感激她，反而埋怨她时，我都不知道该怎样答复她。

我还在一个微信公众号的宣传文案上看到过这样的文章标题："我是如何在一年之内又开公司又带孩子还写书赚钱的。"

她们的确赢了，获得了物质上的成功。

但我一直在想，一个人活到面面俱到，丝毫没有示弱的余地时，即使会快乐，但那也是以透支其他方面的快乐为代价的。

似乎这个时代，越来越倾向于把每个人逼向全能，绝不吃亏，绝不让步，绝不牺牲自己，据说是强者的要素。而示弱，代表的就是无能。

其实，真正的力量不是强撑，而是绵绵不绝，强撑的力量不会持久。当一个人懂得示弱时，他就无法背叛真实的自己，反而会因为有了缺憾而显得更加真实，也会因此而显得更加强大。

那些处处渴望赢得第一的人，恰恰是因为自己虚弱。他们害怕自己一旦示弱，很多人和事就会脱离自己的掌控，就会面对自己不得不去面对的性格缺点，看到自己那份真实的丑陋。

而只有当我们真正强大起来时，才会看到第二名的"可爱"，看到第三名的"活泼"，看到弱者笨拙地活着的暖心和不甘示弱者强撑着活着的那种虚弱。

别为了一时舒适，透支了未来的自由

1

有个关系很好的学姐的经历令人唏嘘感叹。

我认识她的时候正上高中，她成绩非常好，是同学眼中的学霸，轻轻松松就考上了理想的大学。大学毕业后，她被直接保送研究生，又顺利地申请到了一个海外知名大学的读博资格。

按理说，一般写到这里，她就已经是很多人眼里的人生赢家了，可是接下来发生的事情才是重点。

在读博士期间，她认识了她的男朋友，也就是她后来的老公。她老公对她十分照顾，但就是觉得她不应该出去工作。在他的观念里，女人就是弱者，需要男人的保护，保护她的身体，保护她的生活，接管她后面的人生。

为了迁就男朋友，学姐读博期间就开始把精力投入到经营婚姻关系上，为此她把读博的时间拉长到七年，还差点儿没毕业。等她拿到学位时，已经三十多岁了，这时女儿刚出世，她老公家里已经买好了房子，承诺着她什么也不用操心，只需要在家带孩子就好。她本来想找个离家近的工作，在公婆的劝解下，她最终放弃了这个念头，专心在家带起孩子来。

女儿带到五岁时，她觉得自己终于可以脱手了，刚动了找工作的念头，她公婆又以必须要生儿子为理由，让她在家继续生二胎。

我再一次见到她的时候，她刚生下第二个女儿，和婆家之间也为此有了一些龃龉。她想找工作，可是刚出生的小女儿没人带，她年龄已近四十，再带几年孩子就彻底没有找工作的希望了。中途虽然去过几家公司，但是跟同事相处起来远远没有在家舒服，都是一个多星期就离职了，所以到现在几乎等于一点儿工作经验都没有。

在回忆自己当初结婚的日子时，她说，刚结婚时，是我过得最舒服的几年，也不用自己做饭洗衣服也不需要为钱操心，谁知道没过两年，他们家人就变了。

其实，学姐的这个故事模式，并不仅仅只在她一个人身上发生过。这样的事情我在好几个女友身上见过，每个人的结局都差不多。这些故事里的人都有一个共同点，当她们开始生活时，都为了享受别人提供的舒适，放弃了自我奋斗的可能性。

2

我朋友曾告诉我，她原来读大学时，班上有个和她关系不错，英语学得很好的女同学。毕业后，我朋友建议那个女同学沿着自己的专业路线去找工作，和她一样进外企，把自己学到的专业技能继续延续下去。这样，她们两个人，都可以在职场日常工作的磨砺下变成英语口语达人。但是她同学却主动选择了回小地方做文员的工作。我朋友的那个同学认为，选择在大城市工作，意味着自己要承受巨大的奋斗之苦，过着一种顶着各种压力操心工作，每天早出晚归的日子。与其这样，她宁可回老家，找一份轻轻松松还不用操心的闲职，住父母给的房子，吃他们做的饭，到手的工资虽少，但却都可以攒下来。

朋友说，因为她们两个当时选择了不同的道路，所以后来慢慢也就走上了不同的人生。她的同学因为生活太安逸，慢慢封闭了自己的思维，放纵了自己的欲望。她每天闲暇时间都用来打游戏、追剧，完全放弃了曾经在学校时的理想和追求。两人再见面时，她同学蓬头垢面的，看起来就像老了十岁，我朋友轻轻和她打了个招呼后，发现两人已经没有任何共同话题了，她同学也不太理她，拿起手机又沉迷于自己的虚拟世界了。

又过了几年，我朋友的同学因为沉迷游戏不顾家庭和她老公离了婚。她把孩子扔给老人，托我朋友帮忙找工作。我朋友问她有什么相应的技能，她摇摇头说："哪还有什么技能，我学到的那些东西，这么多年来早就还给老师了。"就这样，我朋友帮她看了好多工作，她不是嫌离家远就是嫌工资低，大半年还没有找到一个合适她的岗位。

这几个人的经历，让我想起了我很喜欢一句话：不要在该吃苦的时候选择安逸。当我们离开学校踏入社会时，就应该明白这一点，成年人的世界里，没有活得轻松的人。如果一个人活得轻松，那只是因为有人替他承担了他本来应该去承担的那份责任。

别人都承担着自己的责任，而你却在舒适的生活里看不清未来，总有一天，你会因此而付出代价。

不管是我的学姐，还是朋友的同学，她们都为自己曾经选择的舒适生活付出了代价。没有人能长久负担他人应该负担的责任，每个人最终都要靠自己面对自己的人生。

3

我不止听一个人说过：如果我有很多钱，那我就每天什么也不干，天天躺在家里又吃又睡，那样该有多舒服啊。

其实，当人的一切活动都是一眼就能看到底的舒适时，人的自由与创造性就会被扼杀，世界的丰富性也荡然无存，人就会成为一具干瘪的空壳。

很多人之所以有"有吃有喝有玩没有束缚就是最好的生活"这类的想法，是因为他们还没有触碰到真实世界的肌理，还没有摆脱头脑中的固化思维。这个世界是守恒的，欲望被无限满足的舒适感是不会带来长久快乐的，只会带来长久的空虚。

没有人能享受真空般的快乐而不用付出任何努力。很多表面上看起来轻松的人，背地里其实承受着巨大压力，只是他们未必把这种压力展示出来而已。

其实，真正自由的生活方式，是认清这个社会的状况后仍清醒地活着。为什么有时候，就连父母给我们的安逸生活都会令我们感到不快呢？那是因为每个人的生命里，或多或少都有着对自由的渴望。当我们放弃了靠自己强大，在束缚中寻找舒适感和稳定感时，我们也许就会为此付出自由的代价。

安于这样不需要自我奋斗的舒适，其实是把自己的人生交付给别人，放弃了增长自己实力的机会，也放弃了自由选择的资本。

拒绝安逸的环境消磨自己的意志，是为自己的未来增加砝码，让自己在风雨中锤炼出应对风险的本领，以至于未来的人生选择不至于太狭隘。

不要害怕离开自己的舒适区。人们嘲笑的从来都不是梦想和追求，而是一个人的志大才疏。无惧风雨，笑对人生，这些不是安逸和舒适能滋养出来的生命品格，而是一次又一次碰撞真实的世界所带来的生命厚度。真正清醒的人，在该努力的时候绝不会拒绝吃苦，在该奋斗的年纪绝不会拒绝风雨，他们明白，只有拥有绝对的实力，才能自由选择自己的人生。

成功趁早是把双刃剑，盲目信奉有风险

1

在网上看到某个"90后"在自己的微信公众号里讲自己的成功经历，标题是"我是如何在20岁的年龄就赚到100万的"。点进去看了看，大部分内容都是在讲赚钱后的好处，而真正涉及赚钱内容的地方，只是一笔带过。又过了几个月，我在他的公众号里又看到了一篇同类的文章，只是这一次，标题换成了"我是如何在一年内赚到200万的"。

我特意点开留言区看了看，下面有欣赏的，有膜拜的，有羡慕的，有怀疑的，读者反映异常精彩。大体上，被点赞最多的留言都是那些请教快速赚大钱的诀窍的。

他公众号文章下的留言，让我想起了朋友曾经告诉我的一件发生在他堂哥身上的真实故事。

朋友的堂哥胆子特别大，毕业后就和他同学一起进股市炒股去了。那几年股市形势尚好，他堂哥投入的资金也逐渐增长。在高额回报率的诱惑下，他堂哥开始做专职炒股，一天就能赚到他一年的工资。

因为有金钱傍身，堂哥在家庭里的地位直线跃升，被亲友和同龄人奉为神明。一大帮朋友跟着他堂哥进进出出，听他传授快速致富之道。

没过多久，股市大跌，他堂哥的资金全陷在股市里了，这种进退失据的局面让他堂哥一个月之内损失了将近千万资金。

经历这次事件的打击后，他本以为堂哥会安安心心找个工作上班，却没想到堂哥每天都把自己关在家里上网，似乎对什么事都失去了兴趣，唯有听到别人说"赚大钱"的时候就开始两眼放光。他拿着股市里仅剩的钱又折腾了一圈之后，钱没赚到一分，骗子倒是遇见了一大堆。就这样，他堂哥蹉跎了一年又一年，眼看着四十好几了，还没有做过一份正经工作。每次他出去工作三五天，就会嚷嚷着说自己在哪里发现了一个大商机，搞得他父母都快对他"赚钱"这件事免疫了。但他堂哥的父母又架不住心疼儿子，只能勒紧裤腰带给他凑钱去继续折腾，但几乎次次都是血本无归。

我朋友告诉我说，他堂哥的悲剧起源，其实就是因为过早得到了通俗意义上的成功。正因为他在年轻时靠投机和运气赚到了一大笔钱，使得他在潜意识中形成了一种赚钱特别容易的虚假印象。这样的虚假印象导致了他不会珍惜身边的幸福和手上仅有的资源——因为他看不上。受这种虚假印象的影响，他堂哥以后的人生再也无法安分。

他堂哥的事，让我想起了之前在一档很受欢迎的节目中听到的一句关于"出名要趁早"的解读。节目中说，这句话最早是张爱玲对自己的自嘲，她说，出名要趁早，来得太晚了，快乐也就不那么痛快了。虽然这句话如今已经家喻户晓了，可是反观张爱玲的后半生，似乎并没有因为"成功趁早"而活得比别人更顺遂。

很多人对这句话的表面意思都不加推敲地大加推崇，仅仅是因为这句话暗合了他们急功近利的欲望而已。

事实上，成功趁早是一把双刃剑，一个人若是对自己没有清醒的认知，很容易就会被这把双刃剑伤害。

2

　　记得曾经听一个杂志编辑说起他的两个作者，这两个作者的写作基础都差不多，所以他把两个作者放在了同一个群里。他平时分别称呼他们为小A、小B。他说，自己在工作闲暇时，会在群里观察这些作者的聊天内容。作者小A很擅长模仿和解构该杂志的收稿套路，所以很快就能在杂志上发表文章，自然而然就在群里担任了指导者的角色；作者小B则是以这本杂志里写得最好的作者为榜样，反复磨砺推敲自己的文字，修改文章结构，但因为他一直没有成功发稿的经历，所以在群里总是扮演着学习者的角色。

　　那个杂志编辑告诉我说，因为过稿率较高，作者群里很多没发表过文章的人便开始追捧小A，纷纷称呼她为"大神"，时间一久，连小A自己也开始飘飘然起来，心理上觉得自己真的成了众人口中的"大神"。

　　但其实从他收上来的稿件来看，小A的写作水平一直没有什么进步，倒是小B一次比一次写得好。小B不能过审，只是因为他写得过于细致，跟该杂志快速阅读的产品定位及收稿标准不符合而已。

几年之后，主编突然宣布杂志停刊。身为编辑的他鼓励作者们去别家投稿，当小B拿着自己的稿子转投别家时，很快就找到了出版合作资源，而小A的思维却始终停留在原地，不但写作模式固化，还因为停止学习后词汇也贫乏了很多。小A因为投稿处处碰壁，没过多久便放弃了写作，而小B却一直坚持了下来。

朋友说，就是因为小A在他们杂志上发表文章太过顺利，让小A在内心里把这种简单的写稿套路当成了好文章的标准，而投稿过审率高的这种"成功经验"更强化了她的自我认知，封闭了她的自我提升空间。

而小B却因为在他们家的杂志上发表文章太难，写作道路"太不成功"了，所以一直都坚持学习，不停地阅读各类书籍，提升自己写作的词汇量，模仿顶尖作者们的写作方法，所以在换了别家出版机构之后，很快就能适应。

3

其实，那些涉世不深、带着学生时代不成熟思维的人，之所以会盲目崇拜现在自媒体粉饰的"成功趁早"的典型，是因为他们心里能想象出来的成功和有钱只是一个抽象概念，他们把这个抽象的有钱概念当成了万能的人生解药，似乎只要达成这个目标，就能登上想象中的人生巅峰。事实上，真正的人生，远比想象中要复杂、漫长、曲折。我们不知道未来会遇见什么，也不知道暂时的成功是哪些因素造就的，是否可以一直复制推广下去。因此，真实的人生里，比"成功趁早"更重要的，是守住自己的本心。

如果你一时没那么优秀，千万不要着急。静下心来想一想，或许很多"立竿见影"只是媒体造出来的神话；或许很多人的智商、情商也像身高一样，生长期有早有晚。不要因为一时的不成功，就开始自暴自弃。对于真正有悟性的人而言，向目标进发的努力本身就是最大的享受。在现在这样一个需要终生学习的时代，什么时候努力都不算晚。一个真正透彻、清醒的人，知道最重要的事是努力做好自己的事情，而不是把一时的成功看成是人生的终点。一个大器晚成的人，并不表示他就失败了，或是享受成功不痛快。或许，命运只是想让他走得比别人更久一些，认知这个世界更全面一些，对待成功更理性一些。

比高情商更能决定你价值的，是你的专业程度

1

和朋友的妹妹在一起聊天时，她告诉我，她所在的公司，有个叫小T的姑娘。用朋友妹妹的话说，小T姑娘不但脾气很倔，情商也不高。

小T姑娘在她们公司做主管时，老板安排了一个亲戚小M进公司实习。公司的其他人都知道这层关系，在小M来的第一天就不约而同地让小M随便做点儿清闲工作练手，而小T却在小M来的第二天就开会点名批评了小M和包庇小M的同事。

同组一起做项目时，有个女同事视频细节没有修改好，小T姑娘硬是把女同事留在办公室里和她一起加班调整视频中的

微小细节，让人家的男朋友在公司等到了深夜十二点。

朋友的妹妹告诉我，和小 T 相处时，就像电影《穿普拉达的女王》里面的安迪和女魔头米兰达相处的感觉一样，像小 T 这样的人，首先是绝对自律，其次对待所有的事情都严苛到一丝不苟。

我问她："这样的人，让你和她交朋友你肯定不愿意。"

朋友的妹妹说："那当然，在她的世界里已经没有让别人舒服的余地了。"她话锋一转："不过，如果是挑合作伙伴的话，我愿意选她。"

我问她："为什么呢？"

朋友的妹妹告诉我说："因为要是有一个这样讲规则、有执行力、专业技术过硬的合作伙伴，能给我省多少事啊。"

2

她的话让我想起了前一段时间在网上看到的一个问题：大师和普通人的区别在哪里？

下面的留言中分门别类地列举了许多大师在各自的专业领域上吊打普通人的事例。令我感兴趣的是，这些大师中，有很多在生活方面不修边幅，在与人交往时直言不讳，在工作上也不会媚上谗下。按理说，这样的人基本上算是低情商人群了，可是经历时间磨砺之后，人们能记住的，还是大师们在各自专业上的价值和他们在专业领域中做出的贡献。

记得湖南电视台曾经举办过一个节目，让奥运冠军跟一群普通人针对这个冠军擅长的项目进行比赛。当然这个比赛的规则也五花八门，比如在游泳冠军身上绑重物，和普通人进行游泳比赛；将拳击冠军一只手绑上之后，和那些业余散打的人进行拳击比赛等等。事实证明，即使有了这一大堆的额外附加条件，在专业技能上，奥运冠军们的成绩还是远超普通人，轻轻松松就赢得了比赛。

在绝对的实力面前，有时候并不需要掌握太多花哨的技巧，只需要去做就够了。

3

《乔布斯传》里，提到了乔布斯对待工作的严苛和审慎。某一次，一个设计师的设计细节令他不满意，他逼着对方改了一百遍。助理告诉他说："您再这样下去，这个设计师就要辞职了！"他随口答道："那新招聘的设计师什么时候会来？"

这可以算是低情商的典范了，但乔布斯的专业程度却是有目共睹的，他甚至成了苹果的活广告，成了人们口碑中的品质保障。以至于他离世后，全世界掀起了一阵怀念乔布斯的"乔布斯热"现象，很多人也因为苹果公司失去了他而拒绝再次购买苹果系列产品。

其实，决定乔布斯价值的，并不是他情商有多高，而是他在苹果产品的设计上达到了最顶尖水准。很多人常常以个人的好恶或是一个人的情商高低去判断这个人是否有专业能力，这是一种典型的固化思维。

我们常常会讨论名人轶事，但首先是因为他们是有高水准专业技能的"名人"，然后人们才会去关注他们的轶事。

一个人，没有专业技术傍身，情商再高也只能在小范围内左右逢源，不会引发大批量的关注。

各行各业的前辈们，都是专业能力先被人称颂之后，然后才有了他们情商高低的表述。

也许，情商真的很重要，但它不是万能的。情商高或许能使人登上一个更好的平台，但不管一个人起点有多高，只要站上了这个平台，一样会面对各种各样的烦恼，一样需要奋力拼搏，一样要去适应这个世界对自己的严苛要求。

这个世界上的大部分成功都不是靠侥幸赢来的。一个人的专业价值，才是他在当今时代最核心的竞争力。尤其是在这个陌生人时代，越来越需要专业的服务团队和专业的技能交换。日本管理大师稻盛和夫讲过：不必脱离俗世，工作现场就是最好的磨炼意志的地方，工作本身就是最好的修行。全神贯注于一事一业，持之以恒，精益求精，不仅能创造经济价值，也能提升人本身的价值。

理解问题的人很多，但能超越问题的人却很少

1

夏天来临之前，微信群里有个叫小Q的姑娘发牢骚："怎么办？马上就夏天了！三月不减肥，四月徒伤悲！五月、六月、七月一直到八月都徒伤悲！"

群里另一个叫小七的朋友告诉她说，其实减肥并没有你想象得那么可怕，只要管住嘴，迈开腿，把有氧运动和无氧运动结合起来，坚持一段时间后，就能达到你预期的效果。

接着小七推荐了一系列科学减肥的运动方法和改善饮食的菜单。

在小七发这些东西的同时，群友们也开始七嘴八舌地议论

起来："得了吧，小七，你每天转载那么多减肥和健康饮食相关的东西，但是坚持的时间从来都没有超过一个星期。"

我回看了一下聊天记录，小七说得并没有错，按这种方法坚持下去，的确可以改善体重和健康状况。这些信息大多是从网上来的，也就是说，很多人都曾看到过，但问题是并没有多少人能坚持按照这套方法解决自己的肥胖问题。

有段时间我经常去健身房，几乎每次去的时候都能看见那些健身教练在变着花样推销健身卡。时间一长，我就和几个健身教练混熟了。我问他们："你们的优惠力度那么大，一个人一年才一千多块钱，不怕亏损吗？"他回答说："怎么会，很多办了卡之后一次也不来或者说只来几次的人，就是我们盈利的保证。"

我恍然大悟，想起了朋友圈里那些每天喊着要瘦身的人，他们大约都是这类。很显然，他们都知道瘦身和健康的好处，也能明白科学减肥的方法是非常有效的，但是他们就是没办法说服自己正视这个问题，更克服不了自己的惰性去坚持长期、缓慢但有效的减肥方法。

2

　　这件事让我想起了表弟小夏。他本身的工作能力并不差，执行力也还不错，在他原本的行业里扎扎实实地干几年，就可以到任何一家相关行业的企业里做个管理层。但他有一个很大的特点，就是每到一个公司，很快就能发现公司存在的关键问题，比如生产滞后、市场预估不充分、技术比较落后、办公室政治严重、管理层太难相处等等。每次他提出辞职时，都有自己充分的理由。

　　就这样，他陆陆续续换了好几份工作，每一次都从基层开始干起，每次一发现问题就开始谋划用个什么样的理由离开这家公司。几年过去了，他自己也觉得这样下去不是办法，找家人凑了一些钱后，开始自己创业的道路。

　　等他自己开公司的时候，他才发现，在流程上，自己以前知道的那些生产环节和生产流程只是个大概，高价的研发人员请不起，低价招来的人又不适用，只能凑合着用；在生产上，由于资金捉襟见肘，基础设备都不齐全；在规范上，不但要通过各个部门的层层验收，细节上的麻烦更是多到数不胜数。公司勉强运作了几个月后，因为后续资金不足，就关门大吉了。

再次见到小夏时，他终于不再批评别人的公司了，而是心悦诚服地告诉我们说，原来这世界上，每个公司都会有每个公司存在的问题。问题虽然五花八门，但是一个公司生存的真正关键点是这些公司如何解决和超越这些问题。不得不承认，那些运转了十年以上，不，甚至那些运转了三年以上的公司，都有值得学习借鉴的地方。

记得有一个足球明星说过："如果论足球战术的话，可能随便一个足球教练都比我强，可是真正上场踢球的话，他们连一场比赛也赢不了。"

能看到问题、理解问题的人有很多，但真正到了实际操作层面，该如何在实践中解决这些问题，纠正自己的错误，启发自己的新思路，找到更优解，这才是更值得我们去注意思考的。我有一个创业成功的朋友，她最喜欢说的一句话是"办法总比问题多"，职场上那些最后获得成功的人，都是能提出解决方案而不是只能看到问题本身的人。

在刚毕业时，很多有学生思维的人，就如同表弟小夏一样，是一个"看问题的能手"，他们在入职初期会把很多东西神圣化，可等慢慢了解岗位实质，发现工作中存在的问题后，就会萌生退意。事实上，理解一件事和真正做一件事的差距是非常大的。我见过很多把问题原封不动地抛给老板的职员，我也见过很多做了七八套解决方案还在不停找思路的人。可以想象，这样的两类人，若干年后，不管是在职业素养上还是在专业技能上，都会呈现出巨大的差异。

3

我们总是能轻而易举地看到别人身上的困境，看到他们的不足，可这样的领悟，有时候会造成一种幻觉，似乎只要懂得事情背后的原理，我们就能大彻大悟，做得比他们更好。

事实上，在这个信息化时代，因为获取信息快速便捷，一个人反而更不容易思考自己面对的问题，也更不容易得到真正的直接经验。我们太容易看到这个世界的森罗万象，太容易发现它的千疮百孔，太容易就能获取和使用别人给出的答案。

其实，真正阻碍一个人进步的，并非是获取知识的难易度，而是一个人解决问题的决心。在这样的时代里，理解一个问题并不难，难的是独立思考问题。这个世界上，大多数普通人面对的问题和困境都是相似的，真正使他们拉开距离的，是面对同样问题时的处理办法。

　　真正所谓励志，就是在遇到困难时，能下定决心超越那些我们正在经历着的困境，找到别人身上所没有的那份独属于我们自己的价值。你要坚信，这个世界上很多人都能发现问题，但是只有少数能超越和解决问题的人，才会成为真正的发光体。

努力成就自己的理想和期待，是幸福的顶配

1

在网上看过一个特别励志的故事。伦敦奥运会期间，有个姑娘分享了自己特殊的"追星"经历。

她的偶像是有"飞鱼"之称的菲尔普斯。为了见到偶像，她从高中时期就开始努力学习英语，最终高分考过托福，争取到了去美国留学的机会。在美国时，她参加了各种和菲尔普斯有关的活动，终于在某一天，她亲眼见到了自己的偶像菲尔普斯，并和他并排站在一起拍了一张合影。

出人意料的是，平日里爱骂追星"脑残粉"的网友却对这段"追星"经历大加赞赏，这个姑娘在评论区获得了很多人的

祝福，因为她完全是靠自己的努力和韧劲，一步步地努力去接近目标，最后实现了自己的愿望。

人们在她身上，看到了那种美好与坚持，还有那种为了实现自己的梦想坚持不懈的决心。

2

有一个老师在一次培训讲座上跟我们描述他是如何一步步实现自己的梦想时，这样说道：第一，给自己设定的目标需要具备可操作性，不能太空泛。第二，每个阶段都要有清晰的目标反馈结果。第三，不能把目标欲望的满足感提前透支。

他用这个方法，做成了很多事情。比如把一年写几本书分割成每周写多少字，把"下次考第一"的目标改为"某一门课争取提高三十分"，集中攻坚之后再换另外一门课程。

他说，自己最胖的时候将近200斤，为了减肥，他给自己定下的第一周目标，不是减多少体重，而是让自己先养成坚持锻炼的习惯。他用各种方法对自己进行鼓励和暗示，让自己明白，在这个阶段，先不管早上、中午、晚上哪个时间段运动更科学，也不管做什么样的运动最合适，只需培养自己每天坚持锻炼半个小时的习惯就好。到第二周时，他在保持上周的锻炼习惯的同时，又对自己的饮食进行了调整。第三周，他加大了运动量，从原来的每天半个小时变成了每天四十分钟。就这样慢慢地循序渐进，能减的时候就一星期减一两斤，不能减的时候，保持目前的体重也算是一种胜利。

当他自己在减肥的过程中将制定下的一个个小目标都超越时，发现自己不用太刻意就达到了自己最初期待的好身材。更重要的是，他在完成自己目标的过程中，找到了一种对生活的掌控感，这个努力实现自己目标的过程，也令他找到了久违的幸福和满足。

3

有人对网络游戏为何会如此风靡进行过专门研究。他们发现，网络游戏常常会给人设置一个又一个的阶段性小目标，让你不至于茫然失措，也不至于因为快速达成目标而对游戏失去兴趣。大部分沉迷于游戏的人，是沉迷于自己达成一个个目标时的那种成就感，正是这种即时满足的欲望，吸引着他们不断沉迷。

我们会发现，那些目标被满足的人生都会有幸福感，为了达成小目标坚持努力的过程，就是一个持续不断实现自我满足的过程。

有很多刚毕业的学生，在打了四年游戏之后，会对未来感到迷茫。其实，游戏里的这套"沉迷"体系，就是针对人性的弱点而设计的。那些超越和了解了人性弱点的人都成了游戏开发者，而那些没有摆脱学生思维和心智不高的人只能沉迷其中无法自拔。

事实上，这套目标的运作模式，完全可以迁移到生活中来。一个人之所以会感觉到迷茫，就是因为他们的生活中没有目标，失去了可期待的方向感。人的迷茫有一大半是出于对未知的恐慌。而克服迷茫最好的方法就是先树立一个容易达成的目标，从小事上要求自己，让自己习惯这套努力向上的行为模式，然后再慢慢扩展到更大的人生目标。

记得有个朋友说起自己为考研奋斗的那段经历时，就是利用游戏来比喻的。她说，她那时候把自己所有要考的科目当成一个个游戏中的小目标。她把单词做成便利贴，贴在房间的墙上，背会一个就是赚到多少"金币"；她把刷题的试卷看成是"小BOSS"，达到多少分就奖励自己看一次电影；她把一个季度要看完的书当成是自己刷到的秘籍，达到多少本之后就奖励自己看一本课外书籍。她说，考上理想学校的那一刻，她真的感觉到自己就像是一个已经脱胎换骨、一身"神装"的游戏高手了。唯一不同的是，游戏里的快乐转瞬即逝，而她这种幸福感却持续了很久。这种目标切割的模式还能迁移到其他需要自己努力才能实现的事情上。

之所以会形成这样的结果，是因为实现目标的过程，就是一个不断给自己希望的过程，也是一种延迟自我满足的技术。当我们有可期待、可实现的预期目标时，我们的生活才会有希望。所以我们最初的目标不能预设得过于高远，但也不能过于唾手可得，因为任何唾手可得的东西，都会损坏我们的满足感。目标越高远，需要延迟满足的时间就会越久，也越容易给人带来震撼和幸福。

游戏里的幸福感，如同名利和金钱带来的幸福感一样，至多一周或是半个月，我们的情绪就会恢复如常。而现实中为达成自己目标而努力的幸福感，很有可能会贯穿我们的一生。

你要相信，让一个人区别于另一个人的部分就是我们努力的过程，那些烙印在我们身上别人所不能替代的部分，是我们为了达成目标全力以赴时的汗水和情绪。

　　当越来越多的"佛系""无欲无求"被人们熟知时，有多少人只是躲在这些词背后掩藏自己的懦弱呢？只有奋力拼搏后得到的东西才显得珍贵，在真正热血的青春里，至少要奋力拼搏一次，至少要努力超越一次自己的本能，只有这样，你才会拥有不遗憾的人生。